原色時尚
手織包＆帽

麻與天然素材的百搭單品提案

U0051830

Contents

Arrannge
寒冷季節也適用的藤編包

Point Lesson

I

木提把包

圓形木提把的廣口包。宛如摩洛哥手袋風格的
扇形顯得十分俏皮可愛。選擇華麗的色彩，成
為搭配時的重點元素吧！

Design かんのなおみ
Yarn Hamanaka Eco Andaria
How to make › P.40

2

康康帽

短針鉤織而成的堅挺帽形，繫以黑色緞帶點綴的經典康康帽始終深受歡迎。以較淺的帽冠營造出輕盈感。

Design 渡部まみ（short finger）
Yarn Hamanaka Eco Andaria
How to make › P.42

3

水桶包

圓底的水桶造型外出包。即使從肩膀垂掛而下，也會沿著身體自然服貼，易於使用。藉由皮革提把襯托出高貴質感。

Design サイチカ
Yarn DARUMA SASAWASHI
How to make › P.44

背帶可拆卸，當作手提袋使用。小小
的花樣編營造出恰如其分的細膩感。

只要在內側縫合束口袋，就無須擔
心內容物外顯，或是物品掉落。

4

編織花樣包

麻繩編織包每日皆可使用的輕便感正是其魅力
所在。織入雅致的黑色十字圖案,營造出些微
的成熟印象。

Design 青木恵理子
Yarn Hamanaka Comacoma
How to make › P.46

5

寬邊草帽

帽緣稍往內側收縮的古典帽形深具魅力，深邃
的帽簷能夠確實阻擋惱人的陽光。

Design 釣谷京子（buono buono）
Yarn Hamanaka Eco Andaria
How to make › P.48

只要將帽簷向上反摺，即可搖身一變
成為輕盈的草帽風格。

6

船形馬歇爾包

容量十足的麻繩包。袋身的交叉花樣是以
往復編鉤織而成，提把以皮革包裹，增添
自然質感。

Design 釣谷京子（buono buono）
Yarn KOKUYO 麻繩
How to make › P.50

以紮實短針編織的袋底十分牢固，因
此即使裝入物品也不易變形，著實令
人開心。

7

抽繩束口包

圓滾滾水滴樣式的可愛抽繩束口包，藉由藍色
的麻繩呈現清爽感。就算改為斜背，也十分帥
氣有型。

Design 釣谷京子（buono buono）
Yarn DARUMA Wool Jute
How to make › P.52

8

口金小肩包

亦可作為手拿包使用的口金小肩包。宛如浮雕
的立體菱形圖案，是以麻繩加上棉線，使用雙
線作出層次變化。

Design 渡部まみ（short finger）
Yarn Hamanaka Comacoma、APRICO
How to make › P.54

小肩包能夠以隨身口袋的方式來使
用,相當便利。肩背鍊條附有活動
勾,因此可以拆下使用。

可以確實深戴的帽款造型，有風的日子也能安心使用。

9

寬簷帽

呈現柔和弧度的帽簷線條顯得典雅有型。透過
筋編勾勒出自然不造作的女性風格。

Design pear 鈴木敬子
Yarn Hamanaka Eco Andaria
How to make › P.56

I Ø

麻繩包

利用褶襉作出圓潤飽滿的短針鉤織包。外觀看似小巧，卻具有足以收納所有外出必備用品的優點。

Design pear 鈴木敬子
Yarn KOKUYO 麻繩
How to make › P.58

A

II

花樣織片包

視覺強烈鮮明的雙色手提袋。花樣織片是由下
往上依序更換縮小鉤針號數,再進行拼接鉤織,
最後完成平緩的梯形輪廓。

Design かんのなおみ
Yarn Hamanaka 亞麻線《LINEN》30
How to make › P.60

嬌柔女人味的暖色系配色也相當美麗，
白色的側幅營造出輕鬆的休閒感。

B

12

點點花樣提包

以玉針織成凸起的圓點，完成外觀非常可愛的
單柄手提袋。寬版的編織提把加強了穩定感，
光滑樸實的和紙線材，觸感相當柔滑舒適。

Design 野口智子
Yarn DARUMA SASAWASHI
How to make › P.62

13

抓褶包

呈現出圓潤展開般，抓褶造型的大容量馬歇爾
包。方便肩背使用的長提把，運用靈活也是其
優勢，適合作為購物＆逛街時的良伴。

Design すぎやまとも
Yarn DARUMA GIMA
How to make › P.64

14

鞦韆包

適合搭配正式穿著，款式精簡俐落的手提
袋。藉由引上針創造出凹凸立體具有存在
感的織片。

Design サイチカ
Yarn Hamanaka Eco Andaria
How to make › P.66

A

透過明亮色彩，於高貴感中添加些許
玩心。寬版的側幅即使內摺收起，依
然亮眼。此時將內摺的側幅縫合固定
於內側，以便維持形狀。

B

21

15

小圓包

以長針簡單地一圈圈往外鉤織而成的小圓包。
藉由深邃的色調營造出摩登印象，扁線針目形
成的陰影也另有一番趣味。

Design　越膳夕香
Yarn　DARUMA GIMA
How to make＞P.68

側幅接縫而成的口袋，可放入手機
或是票卡等小物。

16

月亮波奇包

將兩片織到一半的小圓包織片縫
合成波奇包。在拉鍊環繫上剩餘
線材，作出流蘇風。

Design　越膳夕香
Yarn　DARUMA GIMA
How to make › P.69

17

半月波奇包

將圓形織片對摺，於邊緣接縫拉
鍊即完成。此作品也是小圓包的
變化版。

Design　越膳夕香
Yarn　DARUMA GIMA
How to make › P.70

內部也有小口袋設計，可收納整理化
妝品或藥品等小物。

16

17

18

2 Way手拿包

使用彈片夾口金的扁包,是將長方形織片對摺
後製作而成。沉穩內斂的藍色系手拿包,很容
易搭配日常服裝。

Design 越膳夕香
Yarn DARUMA GIMA
How to make › P.72

扣上肩背帶立刻變成斜背包。
於金屬鍊條中穿入袋身線材，
塑造出統一感。

19

貝蕾帽＆胸針

宛如漣漪般層層展開的引上針線條，正是其設
計亮點。運用不同色彩製作的同款胸針，可裝
飾衣服或點綴於帽子上。

Design 越膳夕香
Yarn Hamanaka 亞麻線《LINEN》30
How to make › P.70

20

掀蓋手拿包

運用三種顏色鉤織而成的手拿包。深具存在感
的玉針編織手袋上，添加了一個大大的掀蓋。
尺寸小巧，是單手也容易攜帶的大小。

Design 野口智子
MaKing 池上舞
Yarn DARUMA 麻繩
How to make › P.73

屬於厚實且不透明的織片，因此無需
接縫內袋也沒問題。

21

麻花手提袋

方形木提把×麻繩的自然風手提袋。由提把轉
角往外延伸的粗麻花模樣，是利用交叉的引上
針編織而成。

Design すぎやまとも
Yarn DARUMA Wool Jute
How to make › P.74

利用接縫於兩側脇邊的釦帶，以中央的
鈕釦固定手提袋形狀，保持圓潤狀態。

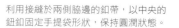

28

22

流蘇手拿包

織入的斜線花樣與流蘇設計出這款吸睛的手拿包。以黑白色彩打造時尚風格，袋口則是以筋編作出變化。

Design 渡部まみ（short finger）
Yarn DARUMA 麻繩、GIMA
How to make ▸ P.76

23

艾倫花樣包

以鉤針編織挑戰美麗的艾倫風花樣。正因為
是具有彈性的扁線，所以鉤織完成的織片格
外立體。

Design pear 鈴木敬子
Yarn DARUMA GIMA
How to make › P.78

24

購物袋

由藏青轉為白色的漸層是透過混織的線材組合
變換而來。為了突顯色彩變化的樂趣，因而採
用格外簡潔的設計。

Design 渡部まみ（short finger）
Yarn Hamanaka Eco Andaria《Crochet》、
Flax C
How to make › P.80

亦可如圖交叉提把，
作為單提把使用。

25

3 Way條紋包

可以藉由改變形狀擁有數種不同使用方法的多
用途手袋。纖細輕盈的輪廓是此作品最得意之
處。由於僅需以短針進行無加減針的鉤織，因
此對編織初學者而言也非常簡單。

Design 釣谷京子（buono buono）
Yarn Hamanaka Eco Andaria
How to make › P.82

將肩背帶拆下即可作為手拿包使用。
只要將手穿過提把孔，即可牢牢拿著
包包。

裝入的物品增加時還可作為托特
包。袋身的花樣是使用四色織線，
並且每段皆換色鉤織。

先將提把套入孔洞，再將兩端繩帶打
結固定即可。

Arrange

寒冷季節也適用的藤編包

運用羊毛線或輕柔飄逸的特殊線材，打造出秋季到冬季亦可使用的手袋。

26

毛茸茸袋口罩

只要在水桶包（P.06）裝上Fake Fur編織而成
的裝飾罩，立即變身成為整年通用的單品。使
用一球即可毫不浪費地鉤織完成。

Design サイチカ
Yarn DARUMA Fake Fur
How to make › P.46

27

羊毛點點花樣包

自然風格的點點花樣提包（P.18）改以特殊粗
線詮釋，編織成輕盈鬆軟的感覺。為了避免過
於可愛，選擇了有型的冷色系。

Design 野口智子
Yarn DARUMA Merino Style極太、GEEK
How to make › P.62

28

艾倫花樣側肩包

春夏用的艾倫花樣包（P.30）改以花呢羊毛線
編織，成為秋冬款式。使用加長的提把，作為
肩背包。

Design pear 鈴木敬子
Yarn DARUMA Classic Tweed
How to make › P.78

Point Lesson

在此介紹使用包包專用配件，以及能漂亮完成帽子作品的技巧。
還有在織片上織入點點花樣的方法，也請一併參考。

I8　2Way手拿包　　作品 › P.24　How to make › P.72

彈片夾口金組裝方法

袋口能大大開啟，使用方便的彈片夾口金包。
安裝彈片夾口金只需要從織片邊端穿入，比起接縫拉鍊更加簡單。

1

本體正面朝外對摺，兩片對齊以
短針併縫兩側脇邊。袋口處分別
進行8段緣編，4段朝內摺疊後
進行藏針縫，製作口金穿口。

2

口金穿口完成的模樣。

3

穿口穿入直尺等物來擴大孔洞，
讓口金容易通過。

4

將彈片夾口金一側的吊耳螺絲與
螺帽拆下。

5

在彈片夾口金的銜接處包上紙片。
＊為了避免勾到織片所以要包上紙片。

6

分別在兩側的口金穿口穿入步驟
5的彈片夾口金。兩邊皆穿入彈
片夾口金的模樣。

7

將彈片夾口金以螺絲銜接固定，
再以尖嘴鉗鎖緊螺帽。

8

完成。

鍊條裝飾加工方法

異素材組合的鍊條是能夠提升包包時尚感的單品。
不妨多加一道手續，使鍊條更加自然地與包包融為一體。

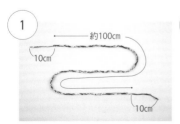

1

取藍色與杏色線，以雙線鉤織比
包包鍊條（90cm）稍長，約100cm
的鎖針織繩。起針處與收針處分
別預留大約10cm的線端。

2

步驟1的線端穿入毛線針，將編
織繩逐一穿入鎖鍊中。

3

編織繩穿至鍊條另一端時，將剩
餘的編織繩往回折返，再次穿入
鍊條。

4

線端則是穿入編織繩的鎖針織線
中，穿通數針後剪去多餘部分。

● 作品使用素材

方形口金
（H207-001-4／Hamanaka）
有著接縫孔洞的口金，可以將織片牢牢縫合固定。附有吊耳，能夠扣接提把使用。

8　口金小肩包　作品 › P.12　How to make › P.54

口金接縫方法

以這款口金而言，將袋口盡量平均地縫合是關鍵所在。
只要事先以段數記號環或織線固定數個地方，作業就會進行得更流暢。

1
編織袋身，撐開袋口。依織圖（P.53）確認脇邊與前後中央處的固定點，對齊口金後以段數記號環等固定。

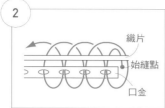

2
如圖示接縫織片與口金。

織片
始縫點
口金

3
以1條原色線進行接縫。
線端
（反面）
（正面）
首先，由右脇邊的★處開始縫合。縫針穿入袋身內側第1針下方的橫向渡線。

＊縫線約為袋口的3倍長。

4
打結固定
預留大約15cm長的線端，打結固定。

5
（正面）
將袋身內側朝向自己，在脇邊中央（掛上段數記號環的針目）的下一針目入針。

＊掛上段數記號環的1針會稍微寬鬆，先預留不縫。

6
將袋身對齊口金外側，縫針穿過口金的第1個孔洞，從表側出針後。再從織目的鎖狀針頭下方穿入縫針。

7
於第1個孔洞出針的模樣。

8
縫針再次於步驟5的位置入針，進行回針縫。

9
接著由表側的口金第2個孔洞入針。

10
於第2個孔洞出針的模樣。

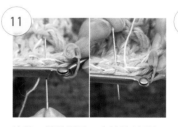

11
接著，縫針返回口金的第1個孔洞穿入，再由第3個孔洞出針。

12
依照步驟11的要領，逐一接縫口金與織片。

＊由於口金的孔洞與針目數不同，因此請一邊適當調整一邊縫合。

13
接縫完成一側的模樣。

14
接縫至一側的最後時，止縫處是在該側口金最後的孔洞進行回針縫。

15
止縫結
在織片的邊緣打止縫結，再將線端穿入織片，進行收針藏線。

16
以相同方式接縫另一側的口金。

＊示範作品為左撇子編織的成品。針目方向雖然相反，但口金的接縫方法仍然相同。

9 寬簷帽　作品 › P.14　How to make › P.56

形狀保持材包芯鉤織方法

為了避免形狀保持材鬆脫，在包編開始與結束都要確實地編織固定為其訣竅。
頭尾兩端的接合固定則是使用了熱收縮管。

加熱時間約1分鐘。

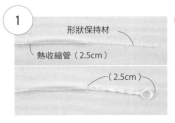

1 剪一段熱收縮管（約2.5cm）穿入形狀保持材，將保持材前端扭轉成鉤針可穿入的環圈。

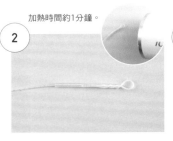

2 將熱收縮管前移，套在步驟1的線材扭轉處，以吹風機的暖風加熱，使收縮管收縮固定。

3 如圖示手持形狀保持材，沿著編織起點的針目平行放置。

4 鉤針挑針後穿入形狀保持材的環圈，掛線鉤織第1針。接下來，一邊包裹形狀保持材一邊鉤織。

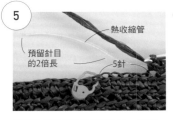

5 鉤至編織終點前的數針時，整理作品織片形狀，如圖示預留一段形狀保持材後剪斷，再將熱收縮管穿入。

6 依步驟1、2的要領，以形狀保持材製作出環圈。

7 一邊包裹形狀保持材一邊鉤織餘下針目，最後連同形狀保持材的環圈一併挑針鉤織。

8 最後鉤織引拔針即完成。

12 點點花樣提包　作品 › P.18　How to make › P.62

點點花樣編織方法

圓滾滾的立體點點花樣，是以底色線編織袋身時包入點點花樣用的配色線，
並且在指定位置鉤織4中長針的玉針製作而成。

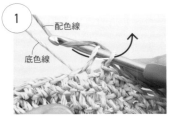

1 以底色線鉤至第一個花樣的前一針時，在短針最後的引拔針改換成配色線。

2 改換成配色線的模樣。

3 鉤針掛線，穿入下一針，掛線後鉤出（未完成的中長針）。

4 在同一針目重複3次步驟3，織好4針未完成的中長針。

5 接著改換底色線（杏色），鉤針掛線一次引拔。

6 改換回底色線的模樣。繼續完成4中長針玉針的點點花樣。

7 下一針的短針，如圖示包裹配色線鉤織。

8 以底色線織好短針的模樣。依相同方式，於指定位置鉤織玉針的點點花樣。

作品使用線材

即便是麻、棉、和紙等天然素材，仍然會因為線材形狀或質感的差異，產生豐富的變化。不妨體驗一下配合不同作品來挑選線材的樂趣。

＊價格皆為出版當下含稅金額。

● KOKUYO

① 麻線

100％麻質線材。由於一捲很長，因此即便是大型包款，亦可無需接線地完美編織。推薦選用1捲約480m（約750g）、1,155日幣的產品。另有其他160m等規格。

● Hamanaka

② Eco Andaria

以木材紙漿為原料的再生纖維環保線材。100％嫘縈。1球40g（約80m）、561日幣。全55色。

③ Eco Andaria《Crochet》

Eco Andaria中具有良好彈性和張力的細線。1球30g（約125m）、561日幣。全9色。

④ Comacoma

色彩豐富且可愛的甘撚紗黃麻線。1球40g（約34m）、464日幣。全19色。

⑤ 亞麻線《LINEN》30

柔韌有彈性且光澤感優異的100％亞麻並太直線。1球30g（約50m）、561日幣。全12色。

⑥ APRICO

使用柔韌且帶有絕佳光澤的美國超級皮馬棉（Supima Cotton）線材。1球30g（約120m）、486日幣。全28色。

⑦ Flax C

產自比利時的亞麻混織天然線材。適合鉤針編織的手織型線材。1球25g（約104m）、421日幣。全18色。

● DARUMA

⑧ SASAWASHI

以箬竹為原料的和紙線材，本身的自然光澤為其魅力。1球25g（約48m）、561日幣。全15色。

⑨ Wool Jute

黃麻混紡羊毛而成的線材。完成的織品以輕盈質感為其特徵。1球約100m、1,274日幣。全4色。

⑩ GIMA

棉70％、麻（亞麻）30％的扁線。1球30g（約46m）、594日幣。全9色。

⑪ 麻線

加工去除黃麻難聞油味的天然手編織線。1球100m、無染色626日幣／染色1,058日幣。全18色。

⑫ Merino Style極太

使用100％澳洲產美麗諾羊毛的標準毛線。1球40g（約65m）、594日幣。全11色。

⑬ GEEK

芯線與包覆外圍的羊毛纖維為相異配色的獨特粗線。1球／30g（約70m）、637日幣。全5色。

⑭ Classic Tweed

於基本經典色系隨機添加花呢變化的羊毛線。1球40g（約55m）、626日幣。全9色。

⑮ Fake Fur

長長的毛足為其最大特色的仿毛皮毛線，毛尖處帶有微妙色差與高級感為其魅力。1球15m、1,620日幣。全5色。

素材協力

KOKUYO株式会社
大阪府大阪市東成区大今里南6丁目1番1号
http://www.kokuyo-st.co.jp/stationery/asahimo/

Hamanaka株式会社
京都府京都市右京区花園薮ノ下町2番地の3
http://www.hamanaka.co.jp/

横田株式会社（DARUMA）
大阪府大阪市中央区南久宝寺2丁目5番14号
http://www.daruma-ito.co.jp/

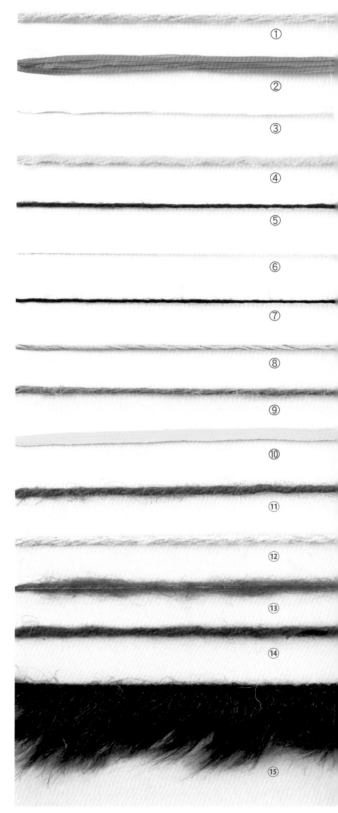

How to make

編織時會因為個人手勁的力道不同而有差異。
請參考作品尺寸與密度，再配合自身編織的鬆緊習慣，
適度調整鉤針號數或織線的份量。

I 木提把包 P.∅4

材料＆用具
Hamanaka Eco Andaria 橘紅色（164）280g、
圓形木提把（角田商店　D26／深棕）1組、鉤
針　10mm

完成尺寸
寬47cm　高25cm（不含提把）

密度
10cm正方形＝短針8針×8段

織法重點
皆取3條線鉤織。
●袋身第1段是在提把上包裹鉤織18針短針，
接著參照織圖，一邊加針一邊以短針（參照
圖內的短針挑針方法）進行往復編，鉤織20
段。分別編織2片袋身。
●袋底為輪狀起針，參照織圖加針，鉤織6段。
●袋身正面相對疊放後，以捲針縫縫合♡記號
部分。
●將袋身與袋底正面朝外疊合，在兩織片★記
號處一併挑針，鉤織1段短針接合。

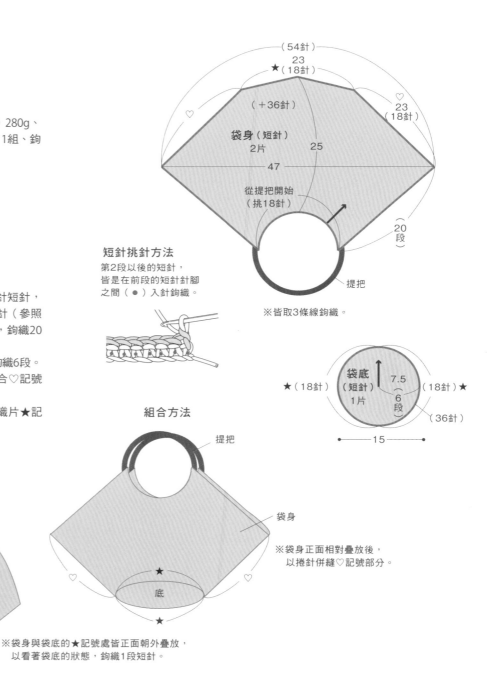

短針挑針方法
第2段以後的短針，
皆是在前段的短針針腳
之間（●）入針鉤織。

組合方法

※皆取3條線鉤織。

（54針）
23
★（18針）
♡
（＋36針）
23
（18針）
袋身（短針）
2片
25
47
從提把開始
（挑18針）
20段
提把
♡

袋底（短針）
1片
7.5
6段
★（18針）　　（18針）★
（36針）
15

1段
（短針）
袋底（正面）
（正面）

提把
袋身
※袋身正面相對疊放後，
以捲針併縫♡記號部分。
♡
底
★
★
♡
※袋身與袋底的★記號處皆正面朝外疊放，
以看著袋底的狀態，鉤織1段短針。

袋身

※與袋底縫合固定。
★（18針）

▷ =接線
► =剪線

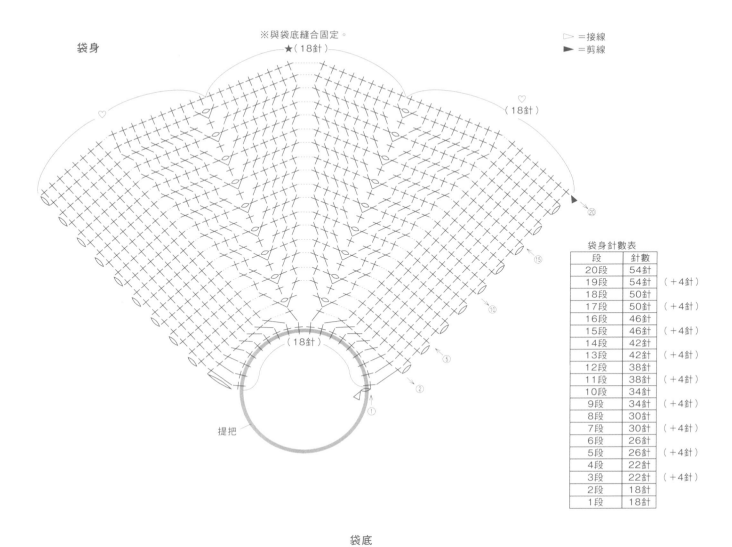

♡

（18針）

♡

(18針)

提把

袋身針數表

段	針數	
20段	54針	
19段	54針	（＋4針）
18段	50針	
17段	50針	（＋4針）
16段	46針	
15段	46針	（＋4針）
14段	42針	
13段	42針	（＋4針）
12段	38針	
11段	38針	（＋4針）
10段	34針	
9段	34針	（＋4針）
8段	30針	
7段	30針	（＋4針）
6段	26針	
5段	26針	（＋4針）
4段	22針	
3段	22針	（＋4針）
2段	18針	
1段	18針	

袋底

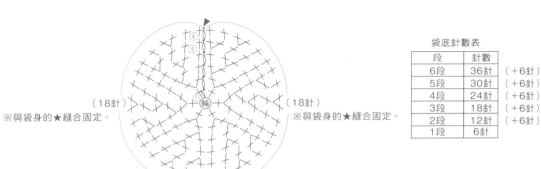

（18針）

（18針）

※與袋身的★縫合固定。

※與袋身的★縫合固定。

袋底針數表

段	針數	
6段	36針	（＋6針）
5段	30針	（＋6針）
4段	24針	（＋6針）
3段	18針	（＋6針）
2段	12針	（＋6針）
1段	6針	

2 康康帽 P.∅5

材料&用具

Hamanaka Eco Andaria 杏色（23）80g、寬24mm的羅紋緞帶80cm、Eco Andaria專用噴膠（H204-614）、鉤針 5/0號・6/0號

完成尺寸

頭圍52cm 帽深7cm

密度

10cm正方形＝短針17.5針×23段（5/0號針）
10cm正方形＝短針17.5目×18段（6/0號針）

織法重點

● 輪狀起針從帽頂中心開始鉤織，參照織圖，以6/0號鉤針一邊加針一邊以短針鉤織15段帽頂。接著改換5/0號鉤針，鉤織帽冠第1段短針的筋編（挑前段針頭的外側半針），自第2段開始，不加減針鉤織短針至第16段。改以6/0號鉤針鉤織帽簷第1段的短針筋編（挑前段針頭的內側半針），自第2段開始，參照織圖一邊加針，一邊鉤織短針至第10段，最終段鉤織引拔針。

● 以蒸汽熨斗的蒸汽輕輕熨燙，整理形狀後，噴上Eco Andaria專用噴膠定型。

● 參照裝飾緞帶的製作方法進行，完成後套入本體帽冠，縫合數處固定。

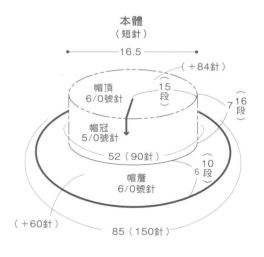

本體
（短針）

16.5

帽頂
6/0號針

（+84針）

15段

帽冠
5/0號針

7 16段

52（90針）

帽簷
6/0號針

10 6段

（+60針）

85（150針）

本體針數表

	段	針數	
帽簷	9～10段	150針	
	8段	150針	（＋15針）
	7段	135針	
	6段	135針	（＋15針）
	5段	120針	
	4段	120針	（＋15針）
	3段	105針	
	2段	105針	（＋15針）
	1段	90針	
帽冠	1～16段	90針	
	15段	90針	（＋6針）
	14段	84針	（＋6針）
	13段	78針	（＋6針）
	12段	72針	（＋6針）
	11段	66針	（＋6針）
	10段	60針	（＋6針）
帽頂	9段	54針	（＋6針）
	8段	48針	（＋6針）
	7段	42針	（＋6針）
	6段	36針	（＋6針）
	5段	30針	（＋6針）
	4段	24針	（＋6針）
	3段	18針	（＋6針）
	2段	12針	（＋6針）
	1段	6針	

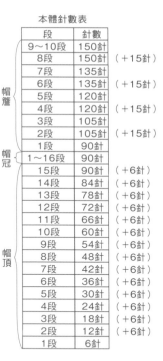

整理帽子形狀，塞入紙張等物品後，
整體噴上噴膠，使其乾燥。

裝飾緞帶的製作方法

① 裁剪羅紋緞帶。
　帽冠54cm、蝴蝶結15cm、蝴蝶結固定帶7cm。

② 將帽冠的緞帶兩端對齊，縫合成環狀。

重疊1cm
（正面）
縫合

③ 將蝴蝶結的緞帶兩端對齊，縫合成環狀。

7cm
1cm
（正面）
縫合

④ 將步驟③的蝴蝶結疊放於步驟②的緞帶上，兩者縫合處如圖示對齊，縫合固定。

帽冠緞帶（正面）
蝴蝶結緞帶（正面）

⑤ 於步驟④重疊縫合處的中心纏繞蝴蝶結固定帶，於背面藏針縫固定。

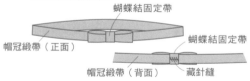

蝴蝶結固定帶
帽冠緞帶（正面）
蝴蝶結固定帶
帽冠緞帶（背面）
藏針縫

組合方法

帽子本體

蝴蝶結請參照製作方法完成。
套入帽子本體之後，縫合數處固定。

帽子本體

重複1組花樣×15次

重複1組花樣×6次

► ＝剪線

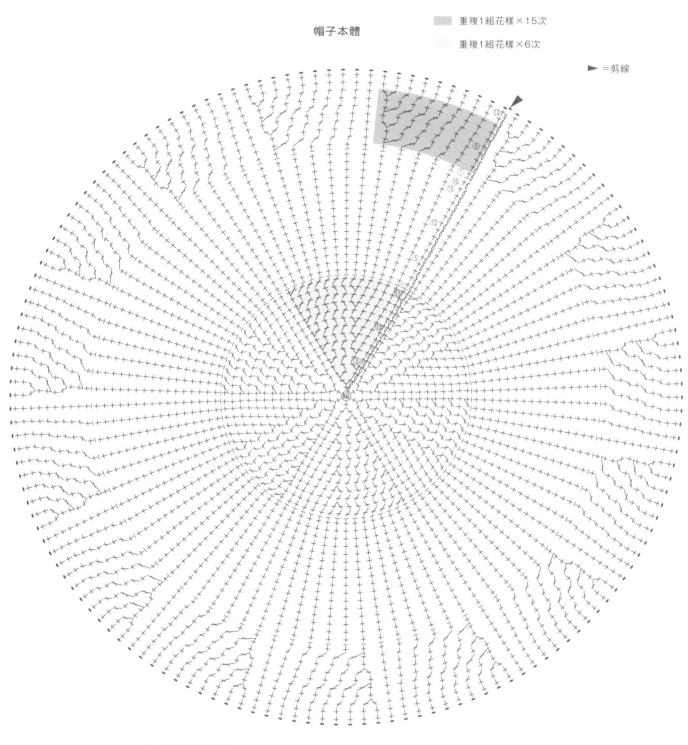

※帽冠的第1段是挑前段針頭的外側半針鉤織。
　帽簷的第1段是挑前段針頭的內側半針鉤織。
　帽簷的最終段鉤織引拔針。

3 水桶包 P.Ø6,Ø7

材料＆用具
DARUMA SASAWASHI 淺棕色（2）205 g、真皮提把（INAZUMA KM-9／黑色＃26）1組、包用肩背帶（INAZUMA KM-6／黑色＃26）1條、背帶用吊耳（INAZUMA BA-58-15／黑色＃11）1組、內袋用布62×48cm、鉤針 7/0號・5/0號

完成尺寸
寬27cm 高21cm

密度
10cm正方形＝短針13針×14段
10cm正方形＝花樣編13針×16段

織法重點
● 取2條線鉤織本體，輪狀起針從袋底開始鉤織，參照織圖，一邊加針一邊以短針鉤織12段。接著不加減針以短針鉤織6段，再鉤織27段花樣編，並且在第25至27段的所有針目上鉤織引拔針。
● 內袋束口繩是取1條線，以鎖針鉤織160針。
● 參照內袋縫製方法，製作內袋。
● 參照組合方法，組裝包包。

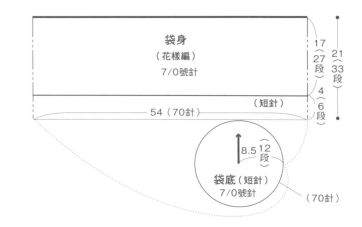

袋身（花樣編）7/0號針
17（27段）
21（33段）
4（6段）（短針）
54（70針）
8.5（12段）
袋底（短針）7/0號針
（70針）

組合方法

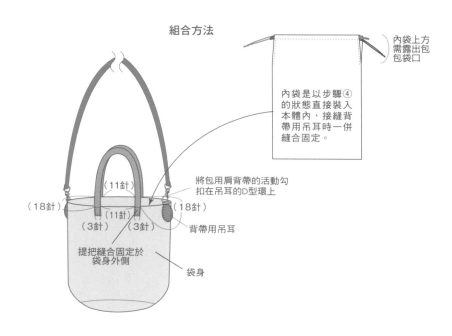

內袋上方需露出包包袋口

內袋是以步驟④的狀態直接裝入本體內，接縫背帶用吊耳時一併縫合固定。

將包用肩背帶的活動勾扣在吊耳的D型環上

（11針）
（18針） （18針）
（11針）
（3針）（3針）
背帶用吊耳

提把縫合固定於袋身外側

袋身

內袋縫製方法

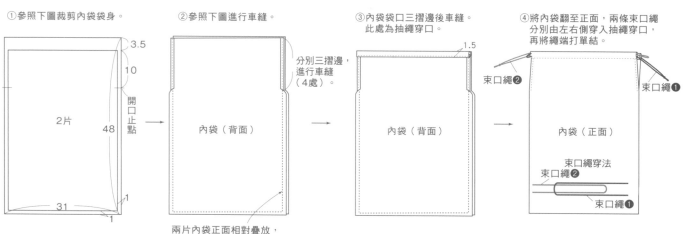

① 參照下圖裁剪內袋袋身。
3.5
10
開口止點
2片
48
31
1
1

② 參照下圖進行車縫。
分別三摺邊，進行車縫（4處）。
內袋（背面）
兩片內袋正面相對疊放，車縫三邊（至開口止點）。

③ 內袋袋口三摺邊後車縫。此處為抽繩穿口。
1.5
內袋（背面）

④ 將內袋翻至正面，兩條束口繩分別由左右側穿入抽繩穿口，再將繩端打單結。
束口繩❷
束口繩❶
內袋（正面）
束口繩穿法
束口繩❷
束口繩❶

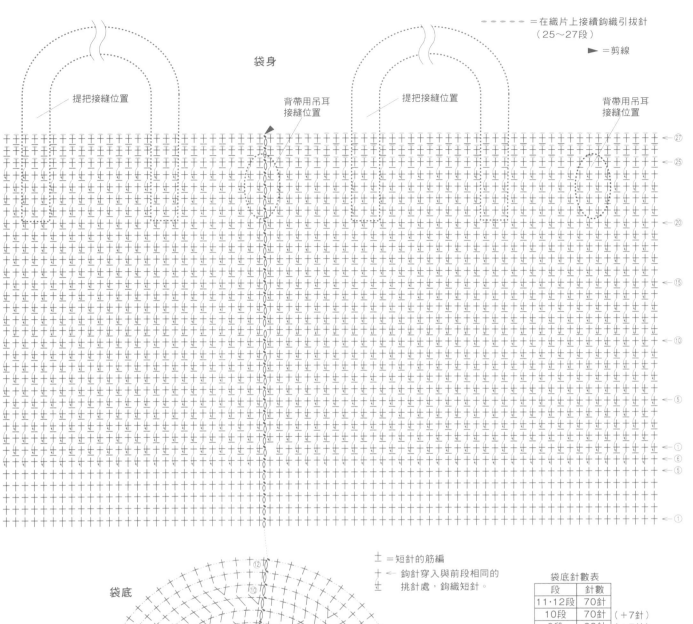

袋身

= 在織片上接續鉤織引拔針
（25～27段）

► = 剪線

提把接縫位置

背帶用吊耳
接縫位置

提把接縫位置

背帶用吊耳
接縫位置

㉗
㉕
⑳
⑮
⑩
⑤
①
⑥
⑤
①
①

⟊ = 短針的筋編

╀ ← 鉤針穿入與前段相同的
⟊　　挑針處，鉤織短針。

袋底

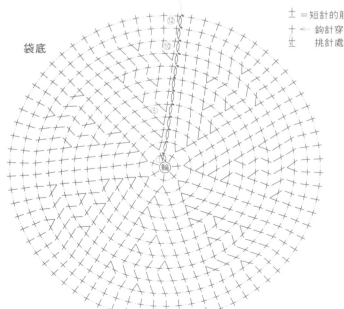

袋底針數表

段	針數	
11・12段	70針	
10段	70針	（＋7針）
9段	63針	（＋7針）
8段	56針	（＋7針）
7段	49針	（＋7針）
6段	42針	（＋7針）
5段	35針	（＋7針）
4段	28針	（＋7針）
3段	21針	（＋7針）
2段	14針	（＋7針）
1段	7針	

內袋束口繩　2條　5/0號針

●────95（鎖針160針）────

26 毛茸茸袋口罩 P.34

材料＆用具
DARUMA　Fake Fur　黑色（5）36g（約14ｍ）、
鉤針　巨大鉤針10mm

完成尺寸
寬10cm　長52cm（不含綁帶）

密度
10cm正方形＝花樣編6針×4段

織法重點
●鎖針起針31針開始鉤織本體，以花樣編鉤織
　4段。並且依織圖在指定位置預留提把穿口
　（2處）。
●接續鉤織10鎖針的綁帶。參照織圖，在另一
　側接線鉤織綁帶。

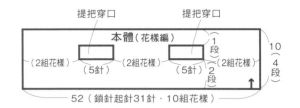

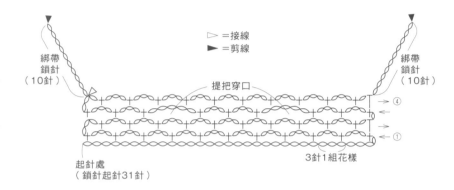

---

4 編織花樣包 P.Ø8

材料＆用具
Hamanaka　Comacoma　黑色（12）165 g、
杏色（2）140 g、鉤針　8/0號

完成尺寸
寬34cm　高19.5cm（不含提把）

密度
10cm正方形＝短針的織入花樣14針×13段

織法重點
●鎖針起針26針開始鉤織袋底，參照織圖，一
　邊加針一邊以輪狀的往復編鉤織8段短針。
　接著鉤織袋身，不加減針進行輪狀往復編，
　鉤織22段短針的織入花樣。
●提把是在指定處接線，鉤織40針鎖針（2處）。
●沿袋口與提把外側鉤織3段短針。
●沿提把內側鉤織3段短針。

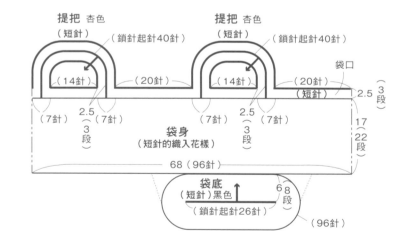

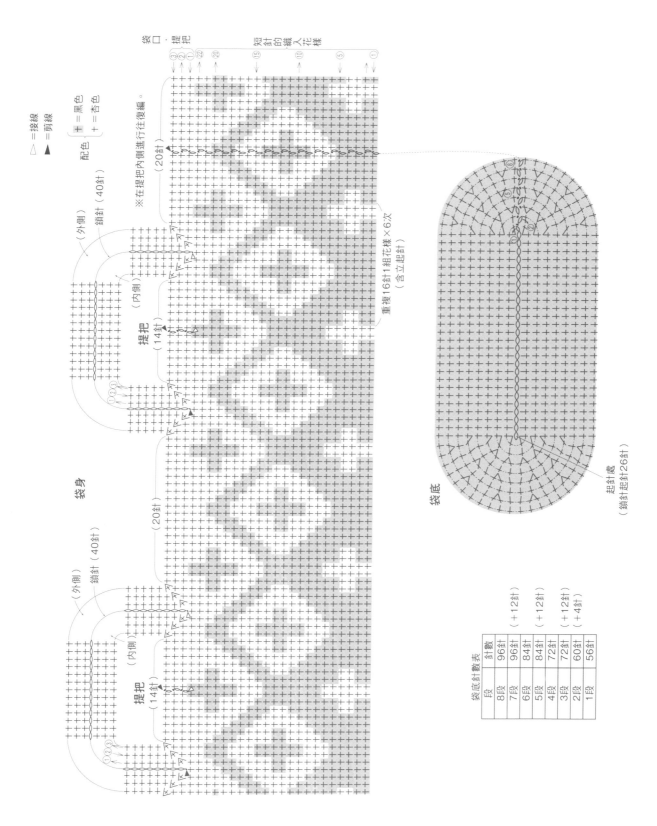

△＝接線
▲＝剪線

配色 { ＋＝黑色
       ＋＝杏色 }

袋口・提把

短針的織入花樣

袋口・提把

（外側）

鎖針（40針）

※在提把內側進行往復編。

（內側）

重複16針1組花樣×6次
（含立起針）

提把
（14針）

（20針）

袋身

提把
（14針）

（外側）

鎖針（40針）

（內側）

（20針）

袋底

起針處
（鎖針起針26針）

袋底針數表			
段	針數		
8段	96針		
7段	96針	（＋12針）	
6段	84針		
5段	84針	（＋12針）	
4段	72針		
3段	72針	（＋12針）	
2段	60針	（＋4針）	
1段	56針		

5 寬邊草帽　P.09

材料＆用具

Hamanaka Eco Andaria　黑色（30）　130g、
鉤針　6/0號

完成尺寸

頭圍54cm　帽深16cm

密度

10cm正方形＝短針17針×20段
10cm正方形＝花樣編17針×8.5段

織法重點

●輪狀起針從帽頂中心開始鉤織，參照織圖，
　一邊加針一邊以短針鉤織18段帽頂。接著以
　不加減針的花樣編鉤織6段帽冠。帽簷是參
　照織圖進行加減針，以短針鉤織20段。
●飾繩是以短針鉤織200針。
●將飾繩繞在帽子本體上，繫蝴蝶結即完成。

本體針數表

	段	針數	
	20段	156目	
	19段	156目	（−12目）
	18段	168目	
	17段	168目	
	16段	168目	（−12目）
	15段	180目	
	14段	180目	
帽簷	13段	180目	（＋12目）
	12段	168目	
	11段	168目	（＋12目）
	10段	156目	
	9段	156目	（＋12目）
	8段	144目	
	7段	144目	（＋12目）
	6段	132目	
	5段	132目	（＋12目）
	4段	120目	
	3段	120目	（＋12目）
	2段	108目	（＋12目）
	1段	96目	
帽冠	1~6段	48組花樣	
	18段	96目	
	17段	96目	（＋6目）
	16段	90目	（＋6目）
	15段	84目	
	14段	84目	（＋6目）
	13段	78目	（＋6目）
	12段	72目	
	11段	72目	（＋6目）
帽頂	10段	66目	（＋6目）
	9段	60目	（＋6目）
	8段	54目	（＋6目）
	7段	48目	（＋6目）
	6段	42目	（＋7目）
	5段	35目	（＋7目）
	4段	28目	（＋7目）
	3段	21目	（＋7目）
	2段	14目	（＋7目）
	1段	7目	

本體

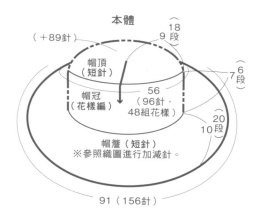

（＋89針）

帽頂（短針）

帽冠（花樣編）

56（96針・48組花樣）

帽簷（短針）
※參照織圖進行加減針。

18
9 段

6 段
7

20
10 段

91（156針）

組合方法

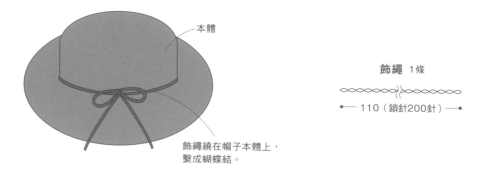

本體

飾繩繞在帽子本體上，
繫成蝴蝶結。

飾繩　1條

110（鎖針200針）

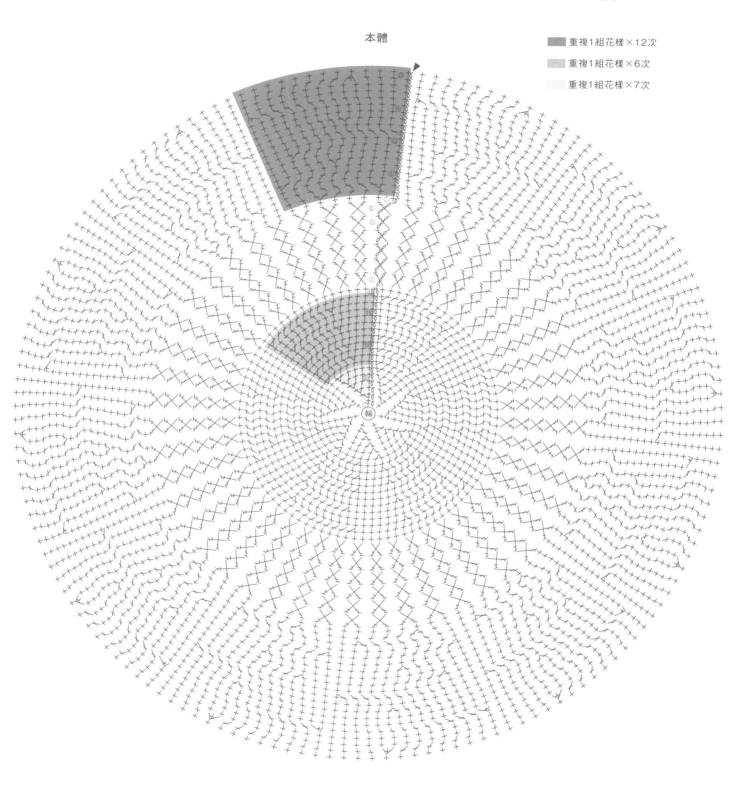

本體

► =剪線

■ 重複1組花樣×12次
■ 重複1組花樣×6次
□ 重複1組花樣×7次

輪

6 船形馬歇爾包 P.1∅

材料＆用具

KOKUYO 麻線 原色 470g、皮革（茶色／
5.2×15cm） 2片、鉤針 8/0號

完成尺寸

寬48cm 高29.5cm

密度

10cm正方形＝短針12.5針×14段
10cm正方形＝花樣編12.5針×6.5段

織法重點

● 鎖針起針18針開始鉤織袋底，參照織圖，
　一邊加針一邊鉤織24段短針。接著，以花
　樣編鉤織5段，再以短針鉤織5段。

● 提把為鎖針起針5針，鉤織57段短針。除
　起針處與收針處各4段之外的部分，皆對
　摺以捲針縫縫合。

● 提把皮套是先以錐子在皮革上打洞，將皮
　革包覆提把中央後，使用粗縫線穿入孔洞
　進行捲針縫。最後將提把縫合固定於袋身
　指定位置上。

本體

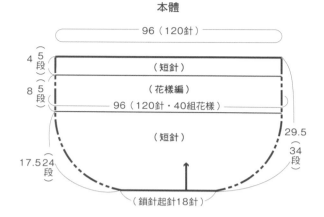

組合方法

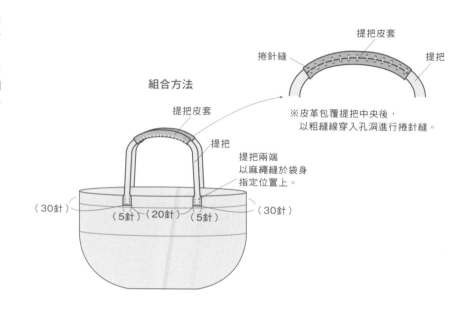

※皮革包覆提把中央後，
　以粗縫線穿入孔洞進行捲針縫。

提把皮套

捲針縫

提把

提把皮套

提把

提把兩端
以麻繩縫於袋身
指定位置上。

提把 2片

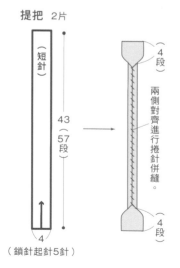

提把

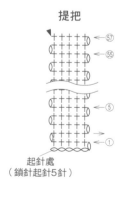

提把皮套
2片

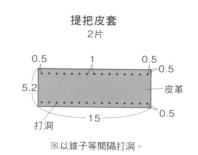

打洞

※以錐子等間隔打洞。

本體

提把接縫位置
（20針）

（30針）

1組花樣

重複1組花樣×6次

▲ ＝剪線

提把接縫位置

（20針）

（30針）

起針處
（鎖針起針18針）×

= 1針與3針的變形交叉長針（左上）

= 1針與3針的變形交叉長針（右上）

針數表

	段	針數	
短針花樣編	30~34段	120針	
	25~29段	120針	40組花樣
	24段	120針	（＋6針）
	22・23段	114針	
	21段	114針	（＋6針）
	19・20段	108針	
	18段	108針	（＋6針）
	13~17段	102針	
短針	12段	102針	（＋4針）
	11段	98針	（＋6針）
	10段	92針	（＋6針）
	9段	86針	（＋6針）
	8段	80針	（＋6針）
	7段	74針	（＋6針）
	6段	68針	（＋6針）
	5段	62針	（＋6針）
	4段	56針	（＋6針）
	3段	50針	（＋6針）
	2段	44針	（＋6針）
	1段	38針	

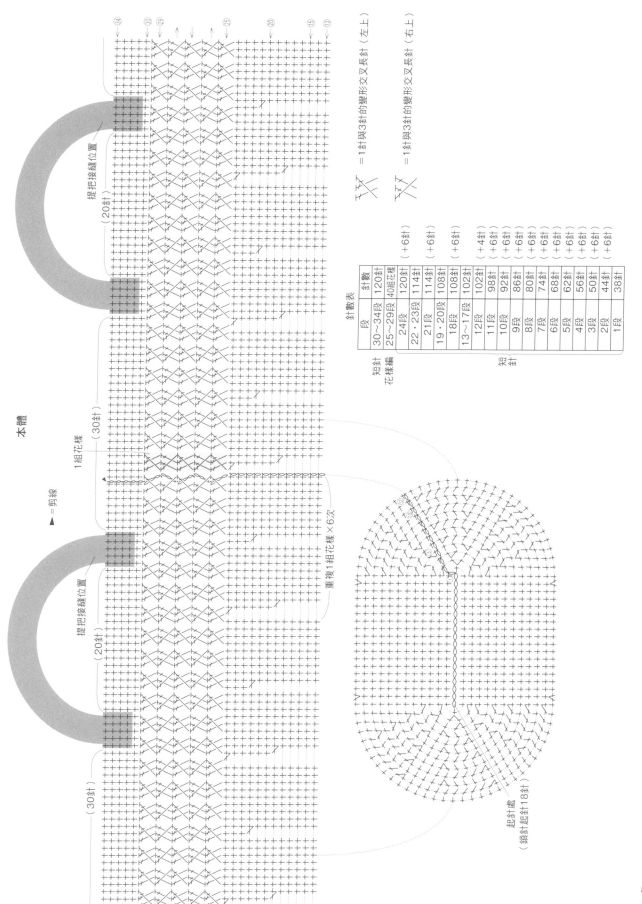

7 抽繩束口包 P.11

抽繩束口包

DARUMA Wool Jute 水藍色（3）260g、
皮革圓繩（直徑5mm）160cm、皮革片 杏色
3cm×6.5cm、圓珠鍊（長6cm） 1條、直徑
10mm的單圈 1個、鉤針 8/0號

完成尺寸

寬36cm 高23cm

密度

10cm正方形＝花樣編15針×17段

織法重點

● 輪狀起針從袋底開始鉤織，參照織圖，一
邊加針一邊以短針鉤織18段。繼續以花樣
編鉤織袋身，不加減針鉤織34段，接著再
鉤織5段短針。短針的第1段要減針，第3
段則是在指定位置製作穿繩孔，鉤織時要
注意。

● 參照織圖，製作流蘇與抽繩的束尾繩釦。

● 參照組合方法，於袋身指定處穿入抽繩。
將抽繩兩端穿入束尾繩釦，打單結。流蘇
繫於抽繩上。

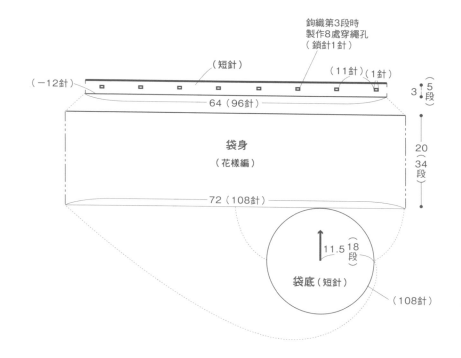

鉤織第3段時
製作8處穿繩孔
（鎖針1針）

（短針）

（−12針） （11針）（1針）

64（96針） 3 5段

袋身
（花樣編）

20 34段

72（108針）

11.5 18段

袋底（短針）

（108針）

束尾繩釦作法 1片

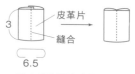

皮革片

3

縫合

6.5

※皮革片兩端重疊成環狀，
中央縫合固定。

流蘇作法 1條

① 於厚紙板上繞線25圈。
在一側穿線打結束緊。

穿線打結

厚紙板

15cm

② 在距離頂點2cm處繞線綁緊，
下方修剪整齊。

繞線綁緊

11

修剪整齊

③ 在流蘇頂端安裝單圈，
再穿入圓珠鍊。

圓珠鍊

單圈

組合方法

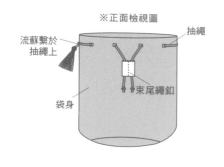

※正面檢視圖

流蘇繫於
抽繩上

抽繩

束尾繩釦

袋身

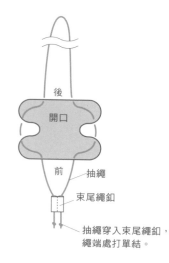

後

開口

前 抽繩

束尾繩釦

抽繩穿入束尾繩釦，
繩端處打單結。

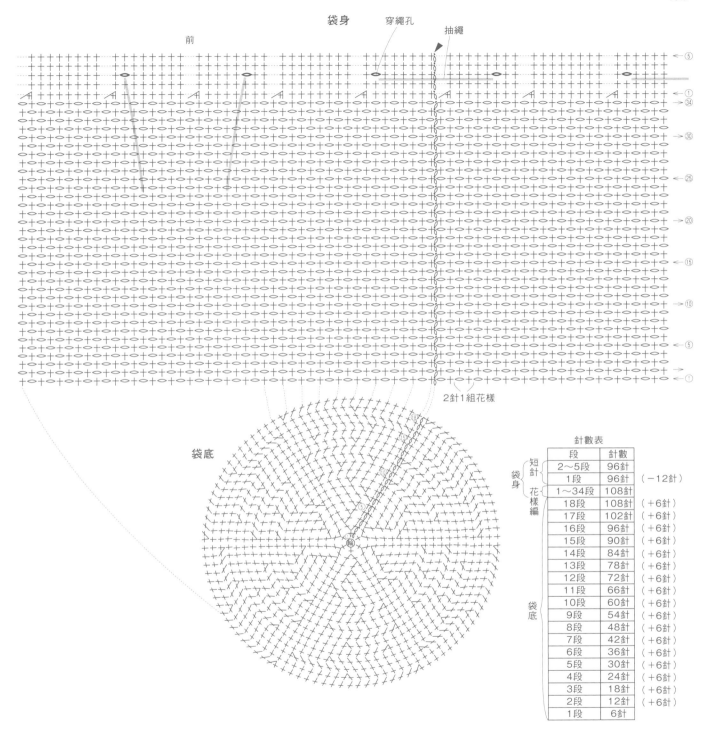

►=剪線

袋身

穿繩孔　抽繩

前

2針1組花樣

袋底

針數表

	段	針數	
袋身	短針	2～5段	96針	
	1段	96針	（－12針）
花樣編	1～34段	108針	
	18段	108針	（＋6針）
	17段	102針	（＋6針）
	16段	96針	（＋6針）
	15段	90針	（＋6針）
	14段	84針	（＋6針）
	13段	78針	（＋6針）
	12段	72針	（＋6針）
	11段	66針	（＋6針）
	10段	60針	（＋6針）
袋底	9段	54針	（＋6針）
	8段	48針	（＋6針）
	7段	42針	（＋6針）
	6段	36針	（＋6針）
	5段	30針	（＋6針）
	4段	24針	（＋6針）
	3段	18針	（＋6針）
	2段	12針	（＋6針）
	1段	6針	

8 口金小肩包 P.12,13

材料&用具

Hamanaka Comacoma 黃色（3） 160g、
APRICO 原色（1） 45g、口金（Hamanaka
H207-001-4／復古色） 1個、鍊條100㎝、
活動勾 2個、鉤針 8/0號

完成尺寸

寬26.5㎝ 高16㎝

密度

10㎝正方形＝花樣編13針×7.5段

織法重點

取黃色與原色各一的雙線鉤織。

●鎖針起針14針從袋底開始鉤織，參照織
圖，一邊加針一邊以短針鉤織7段，接著
以花樣編鉤織12段。

●參照織圖，將袋身的袋口（☆、★）與口
金縫合固定。

●在背帶鍊條兩端裝上活動勾，扣於口金上
的吊耳。

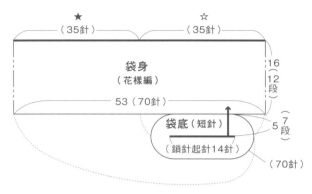

※皆取黃色與原色的雙線鉤織。

組合方法

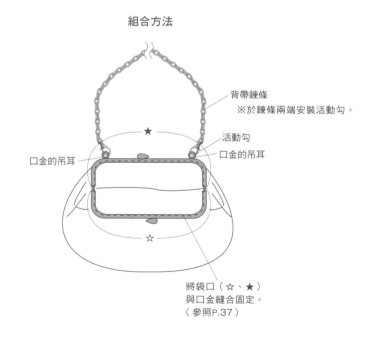

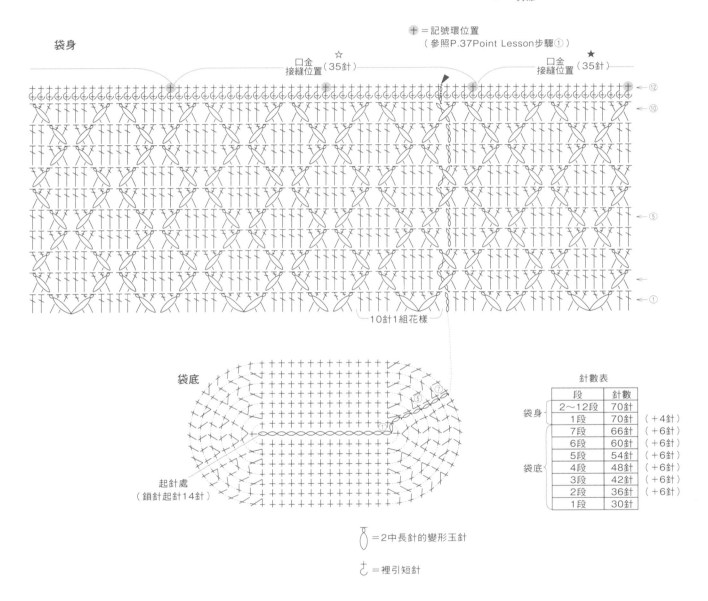

►＝剪線

✛＝記號環位置
（參照P.37Point Lesson步驟①）

袋身

口金
接縫位置（35針） ☆

口金
接縫位置（35針） ★

10針1組花樣

袋底

起針處
（鎖針起針14針）

⑫
⑩
⑤
①

⎰＝2中長針的變形玉針

ℰ＝裡引短針

針數表

	段	針數	
袋身	2～12段	70針	
	1段	70針	（＋4針）
袋底	7段	66針	（＋6針）
	6段	60針	（＋6針）
	5段	54針	（＋6針）
	4段	48針	（＋6針）
	3段	42針	（＋6針）
	2段	36針	（＋6針）
	1段	30針	

9 寬簷帽 P.14

材料＆用具

Hamanaka Eco Andaria 棕色（159） 115 g、
Hamanaka 形狀保持材（H204-593） 約10m、
Hamanaka 熱收縮管（H204-605） 5cm、鉤針
6/0號

完成尺寸

頭圍52cm 帽深17cm

密度

10cm正方形＝短針的筋編21.5針×16.5段

織法重點

●輪狀起針從帽頂中心開始鉤織，參照織圖，一邊加針一邊以短針的筋編鉤織28段。接著鉤織帽簷，一邊加針一邊包裹形狀保持材，以短針的筋編鉤織15段，最後鉤織1段引拔針（形狀保持材的織入方法請參照P.38）。

本體針數表

	段	針數	
帽簷	15段	264針	
	14段	264針	（＋12針）
	13段	252針	（＋12針）
	12段	240針	（＋12針）
	11段	228針	
	10段	228針	（＋12針）
	9段	216針	（＋12針）
	8段	204針	（＋12針）
	7段	192針	（＋12針）
	6段	180針	
	5段	180針	（＋12針）
	4段	168針	（＋12針）
	3段	156針	（＋12針）
	2段	144針	（＋12針）
	1段	132針	（＋12針）
帽冠	25～28段	120針	
	24段	120針	（＋8針）
	20～23段	112針	
	19段	112針	（＋8針）
	15～18段	104針	
	14段	104針	（＋8針）
	13段	96針	
	12段	96針	（＋8針）
	11段	88針	（＋8針）
	10段	80針	（＋8針）
	9段	72針	（＋8針）
	8段	64針	（＋8針）
	7段	56針	（＋8針）
	6段	48針	（＋8針）
	5段	40針	（＋8針）
	4段	32針	（＋8針）
	3段	24針	（＋8針）
	2段	16針	（＋8針）
	1段	8針	

帽子本體

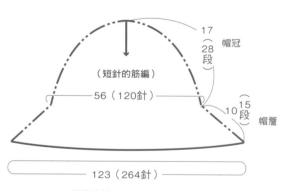

17（28段） 帽冠

（短針的筋編）

56（120針）

10（15段） 帽簷

123（264針）

※帽簷的第16段是鉤織引拔針。

帽子本體

►＝剪線

重複1組花樣×12次

重複1組花樣×8次

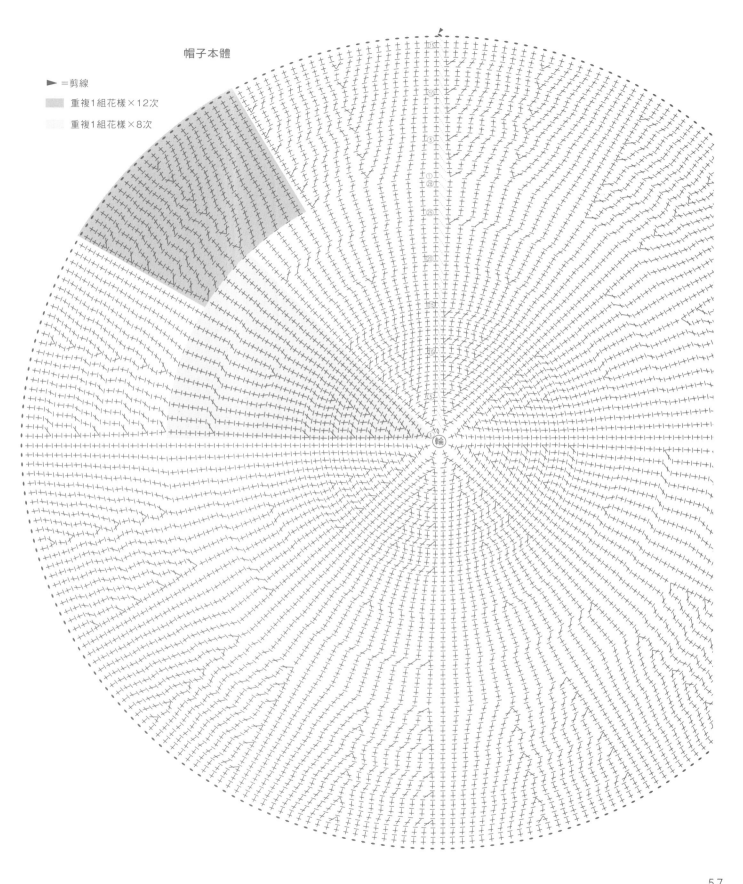

I⊘ 麻繩包 P.15

材料&用具
KOKUYO 麻線 原色 355g、直徑12mm的按釦
1組、鉤針 8/0號

完成尺寸
寬37cm 高18.5cm（不含提把）

密度
10cm正方形＝短針13.5針×14段

織法重點
●鎖針起針22針從袋底開始鉤織，參照織圖，
　一邊加針一邊以短針鉤織10段。接著，以短
　針不加減針鉤織23段的袋身。
●鉤織袋口第1段的短針時，參照織圖將24針
　的褶襉針目摺疊成8針。
●接線鉤織提把的55針鎖針。
●沿袋口與提把內側挑針鉤織短針與筋編。
●沿袋口與提把外側挑針鉤織短針與筋編。
●鎖針起針10針開始鉤織釦帶，參照織圖，一
　邊加針一邊以短針與筋編鉤織5段。
●參照組合方法，接縫釦帶與袋身。最後將按
　釦縫合固定於指定位置。

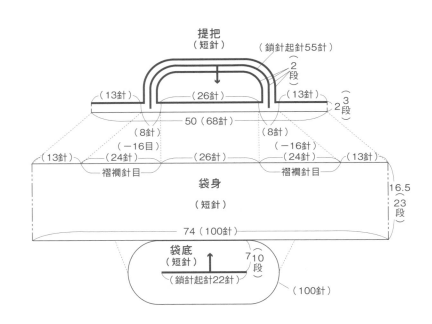

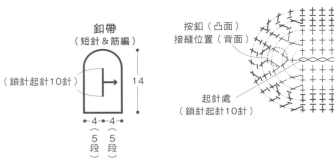

釦帶
（短針&筋編）

（鎖針起針10針） 14

4←→4
5段 5段

按釦（凸面）
接縫位置（背面）

起針處
（鎖針起針10針）

組合方法

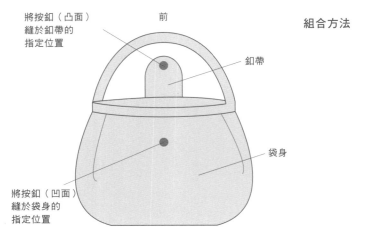

前

將按釦（凸面）
縫於釦帶的
指定位置

釦帶

袋身

將按釦（凹面）
縫於袋身的
指定位置

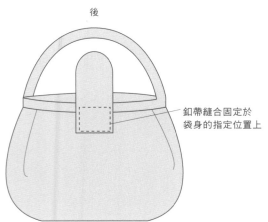

後

釦帶縫合固定於
袋身的指定位置上

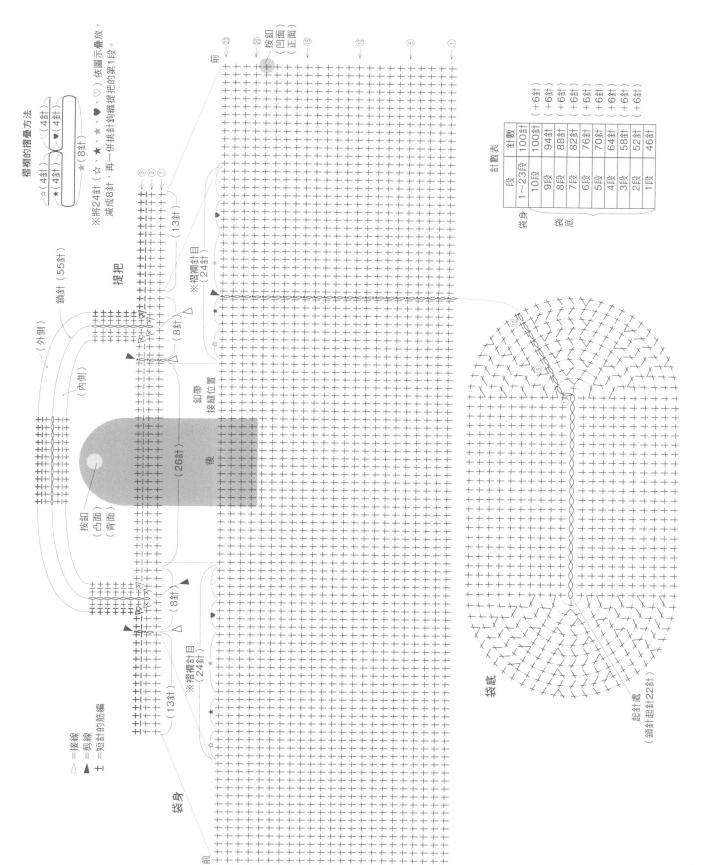

褶襉的摺疊方法

☆(4針) ★(4針)
☆(4針) ★(4針)
♥(4針) ▼(4針)
★(8針)

※將24針（☆、★、▼、♥、♡）依圖示疊放，減成8針，再一併挑針鉤織提把的第1段。

鎖針（55針）

提把

※摺襉針目（24針）

釦帶接縫位置

按釦（凸面）（背面）

按釦（凹面）（正面）

後

（26針）

（外側）

（內側）

（8針）

（13針）

△=接線
▲=剪線
土=短針的筋編

袋身

前

（13針）

※摺襉針目（24針）

（8針）

袋底

起針處（鎖針起22針）

前

針數表

	段	針數
袋身	1～23段	100針
	10段	100針（＋6針）
袋底	9段	94針（＋6針）
	8段	88針（＋6針）
	7段	82針（＋6針）
	6段	76針（＋6針）
	5段	70針（＋6針）
	4段	64針（＋6針）
	3段	58針（＋6針）
	2段	52針（＋6針）
	1段	46針

11 花樣織片包 P.16.17

材料と用具

Hamanaka 亞麻線《LINEN》30 A：綠色（107）／
B：粉紅色（105）190g、A：灰褐色（103）／B：
白色（101）90g、鉤針 5/0號・6/0號・7/0號

完成尺寸

寬31㎝　高19㎝（不含提把）

密度

10㎝正方形＝短針22針×22.5段（5/0號針）

織法重點

●鎖針起針18針開始鉤織袋底＆側幅，參照織圖，
　鉤織36段不加減針的短針，接著繼續鉤織42段短
　針，並且依指示在兩端加針。在起針的另一側接
　線，以相同方式挑針鉤織78段短針。
●輪狀起針鉤織袋身的花樣織片a、b、c，參照織
　圖鉤織3段。由於使用的鉤針號數不同，請特別
　留意。參照織圖以橫向4片、縱向3片的配置排
　列花樣織片，依照縱、橫的順序鉤引拔針接合。
　在花樣織片C上挑針，以短針鉤織8段袋口。
●提把為鎖針起針56針，參照織圖鉤織8段短針。
　織片背面相對疊合後，將起針段的鎖針對齊第8
　段，鉤引拔針接合成圓筒狀。
●參照組合方法，完成花樣織片包。

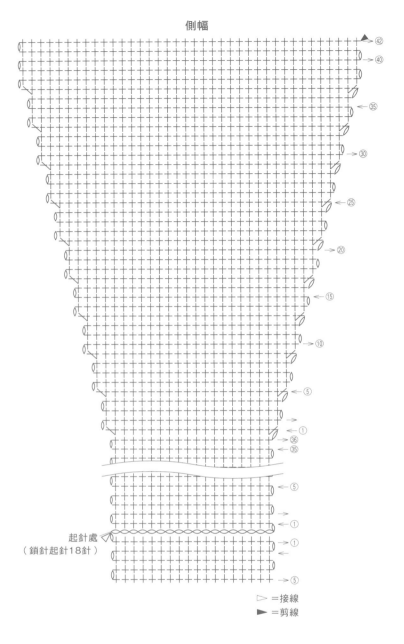

側幅

▷＝接線
►＝剪線

起針處
（鎖針起針18針）

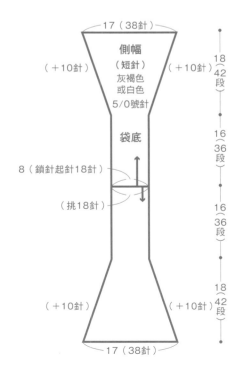

17（38針）

側幅
（短針）
灰褐色
或白色
5/0號針

（＋10針）　（＋10針）

18（42段）

袋底

8（鎖針起針18針）

（挑18針）

16（36段）

16（36段）

（＋10針）　（＋10針）

18（42段）

17（38針）

組合方法

將袋口織片對摺
第8段的針頭與
第1段進行捲針縫合

提把

提把穿入口

緣飾
（短針）
綠色或粉紅色
5/0號針

（挑45針）

本體

※將提把插入袋口織片的穿入口，
以捲針縫固定於本體內側。
將穿入口與提把確實縫合固定。

側幅
（正面）

轉角（鎖針2針）

（挑71針）

0.5
（1段）

轉角（鎖針2針）

♥=以織片色線將所有的花樣織片背面相對疊合，以引拔針拼接（5/0號針）。

將★部分內摺，
與側幅背面相對疊合，
以短針接合側幅的三邊。

本體

提把穿入口　　　　　　　　袋口側　　　　　　提把穿入口

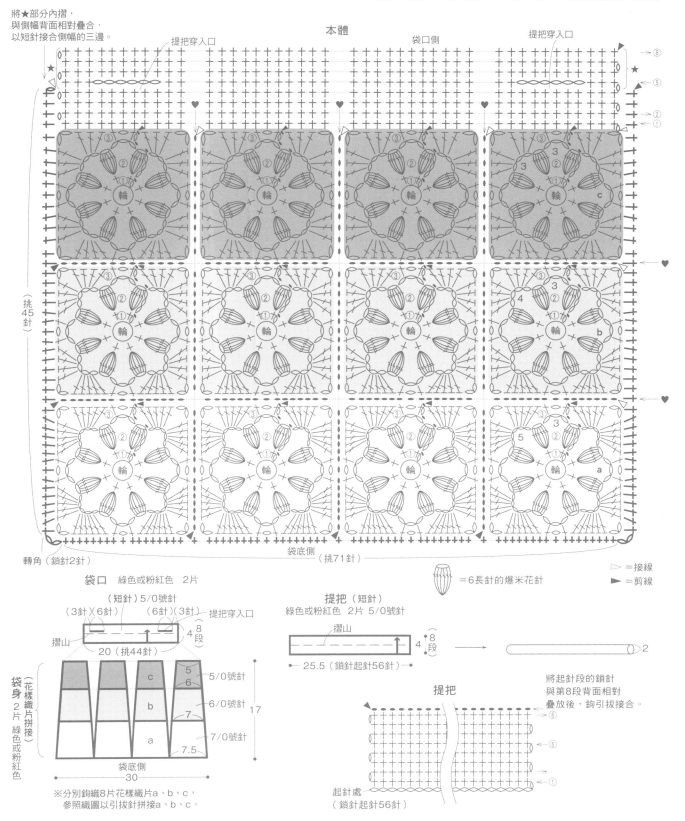

（挑45針）

轉角（鎖針2針）
袋底側（挑71針）

▷＝接線
►＝剪線

＝6長針的爆米花針

袋口　綠色或粉紅色　2片
（短針）5/0號針
（3針）（6針）　（6針）（3針）　提把穿入口
摺山　　20（挑44針）　　4{8段}

提把（短針）
綠色或粉紅色　2片　5/0號針
摺山
25.5（鎖針起針56針）　4{8段}　→　2

袋身2片　綠色或粉紅色
（花樣織片拼接）
c　5 6　5/0號針
b　7　6/0號針
a　7/0號針
7.5
袋底側　30

※分別鉤織8片花樣織片a、b、c，
參照織圖以引拔針拼接a、b、c。

17

提把
將起針段的鎖針
與第8段背面相對
疊放後，鉤引拔接合。

起針處
（鎖針起針56針）

61

12 點點花樣提包 P.18

材料＆用具
DARUMA SASAWASHI 淺棕色（2）125g、
象牙白（1）10g、鉤針 7/0號

完成尺寸
寬30cm　高15cm（不含提把）

密度
10cm正方形＝短針・花樣編18針×18段

織法重點
●輪狀起針開始鉤織袋底，參照織圖，一邊加
　針一邊以短針鉤織18段。接續鉤織袋身，以
　花樣編不加減針鉤至第24段，在第25段減
　針，接著鉤至第27段。
●提把是在袋身的指定位置接線，挑針鉤織12
　針短針，編織45段。收針段與袋身指定位置
　（☆）進行捲針併縫。

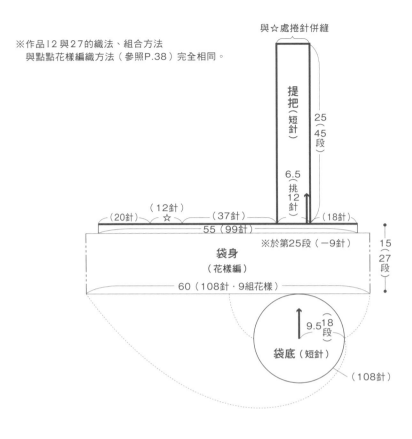

※作品12與27的織法、組合方法
　與點點花樣編織方法（參照P.38）完全相同。

與☆處捲針併縫

提把（短針）

25（45段）

6.5（挑12針）

（12針）☆
（20針）　（37針）　（18針）
55（99針）
※於第25段（−9針）

15（27段）

袋身（花樣編）

60（108針・9組花樣）

9.5（18段）

袋底（短針）

（108針）

27 羊毛點點花樣包 P.35

材料と用具
DARUMA Merino Style極太 灰色（302）115g、
GEEK 藍色×黃色（2）10g、鉤針 7/0號

完成尺寸
寬30cm　高15cm（不含提把）

密度
10cm正方形＝短針・花樣編18針×18段

組合方法

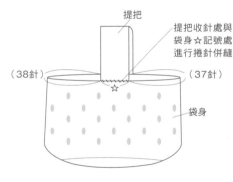

提把

提把收針處與
袋身☆記號處
進行捲針併縫

（38針）　　　（37針）
☆
袋身

針數表

	段	針數	
袋身	26・27段	99針	
	25段	99針	（−9針）
	1～24段	108針	
	18段	108針	（＋6針）
	17段	102針	（＋6針）
	16段	96針	（＋6針）
	15段	90針	（＋6針）
	14段	84針	（＋6針）
	13段	78針	（＋6針）
	12段	72針	（＋6針）
	11段	66針	（＋6針）
	10段	60針	（＋6針）
	9段	54針	（＋6針）
	8段	48針	（＋6針）
	7段	42針	（＋6針）
袋底	6段	36針	（＋6針）
	5段	30針	（＋6針）
	4段	24針	（＋6針）
	3段	18針	（＋6針）
	2段	12針	（＋6針）
	1段	6針	

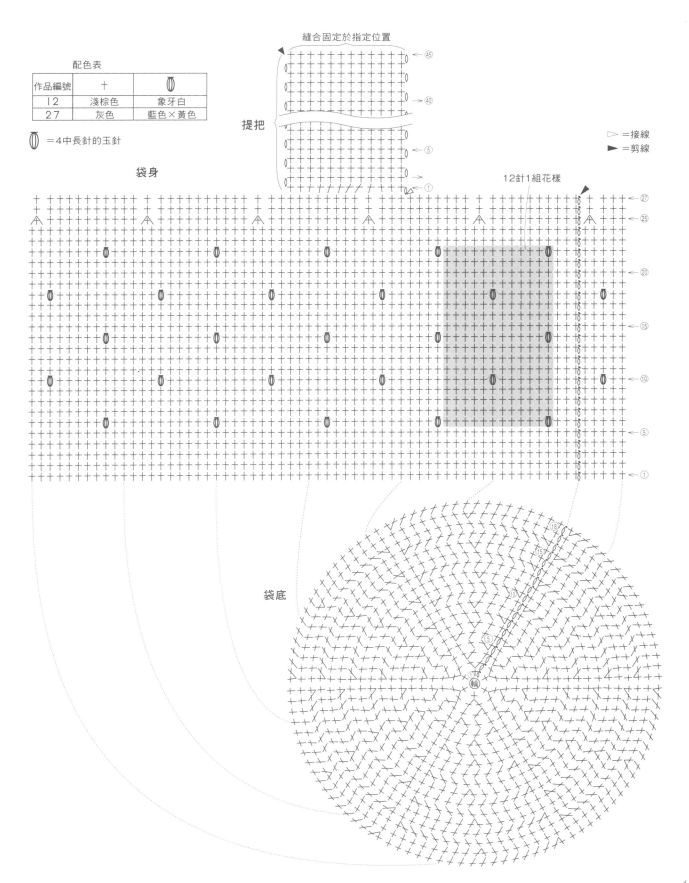

配色表

作品編號	＋	
12	淺棕色	象牙白
27	灰色	藍色×黃色

=4中長針的玉針

縫合固定於指定位置

提把

▷ =接線
► =剪線

袋身

12針1組花樣

袋底

63

I3 抓褶包 P.19

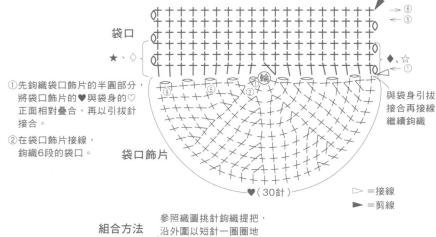

材料&用具

DARUMA GIMA 灰色（9）310g、鉤針 8/0號

完成尺寸

寬46cm　高30cm

密度

10cm正方形＝短針12針×12段

織法重點

● 鎖針起針44針開始鉤織袋身，以短針鉤織
　90段後，在指定位置上接線，沿側邊織段挑
　30針，鉤織1段短針作出褶襇。

● 輪狀起針鉤織袋口飾片，以短針鉤織9段。
　將袋身的♡與袋口飾片的♥正面相對疊合，
　鉤織引拔針接合。翻回正面後，在袋口飾片
　上接線，以短針鉤織6段的袋口，將袋口織
　段往內對摺，以捲針縫縫合固定。

● 先鉤織兩條56針的鎖針作為提把起針後，分
　別與兩側的袋口織片接合，接著參照織圖在
　袋身、提把等挑針一圈，以短針的輪編鉤織
　11段，其中第7段是鉤筋編。將提把背面相
　對對摺，將最終段與第1段進行捲針併縫即
　完成。

① 先鉤織袋口飾片的半圓部分，將袋口飾片的♥與袋身的♡正面相對疊合，再以引拔針接合。

② 在袋口飾片接線，鉤織6段的袋口。

袋口

袋口飾片

♥（30針）

與袋身引拔接合再接線繼續鉤織

▷＝接線
▶＝剪線

組合方法

參照織圖挑針鉤織提把，沿外圍以短針一圈圈地鉤織11段。完成後背面相對對摺，將最終段與第1段進行捲針縫合。

鎖針（56針）

袋口飾片

袋身

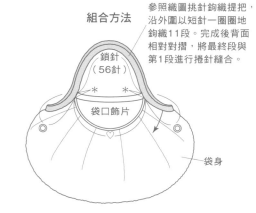

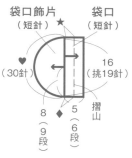

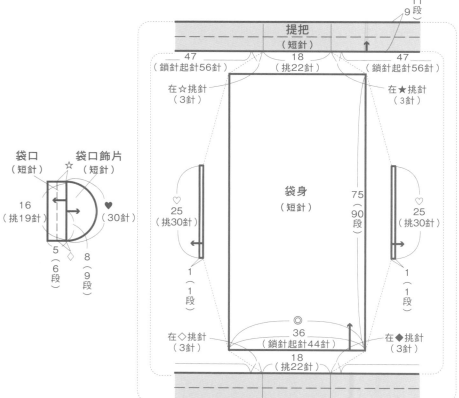

提把
（短針）

11
9段

47
（鎖針起針56針）

18
（挑22針）

47
（鎖針起針56針）

在☆挑針（3針）

在★挑針（3針）

袋口
（短針）

袋口飾片
（短針）

♡
25
（挑30針）

袋身
（短針）

75
（90段）

♡
25
（挑30針）

16
（挑19針）

♥（30針）

5
（6段）

8
（9段）

1
（1段）

1
（1段）

在◇挑針（3針）

36
（鎖針起針44針）

在◆挑針（3針）

18
（挑22針）

※♥與袋身的♡正面相對疊合後，以引拔針接合。

＊＝將袋口部分往內對摺，以捲針縫接合第6段與第1段。提把則是在★、☆、◆、◇挑3針。

袋口·袋口飾片
2片

袋口飾片
（短針）★

袋口
（短針）

♥（30針）

16
（挑19針）

8
（9段）

5
（6段）

摺山

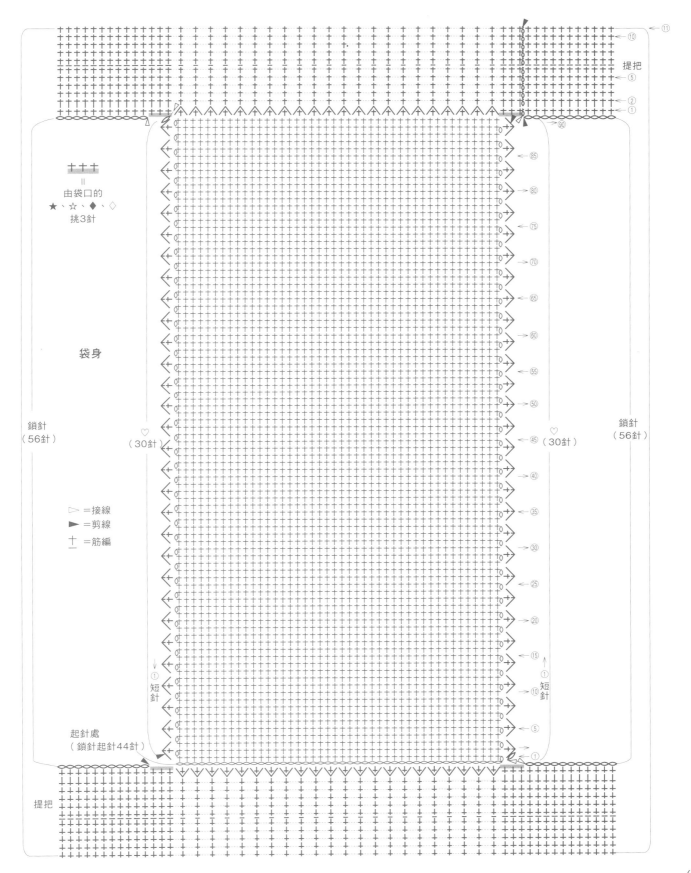

提把
⑩
⑤
②
①

⑨

85

80

75

70

65

60

55

50

45 （ 30針 ）

40

35

30

25

20

15

10

5

①

⑪
⑩

提把
⑤
②
①

⑨

85

80

75

70

65

60

55

50

♡
（ 30針 ）
45

40

35

30

25

20

15
①
短
針

10

5

①

十十十
＝
由袋口的
★ 、☆ 、◆ 、◇
挑3針

袋身

鎖針
（ 56針 ）

♡
（30針）

▷ ＝接線
▶ ＝剪線
十 ＝筋編

①
短
針

起針處
（ 鎖針起針44針 ）

提把

鎖針
（ 56針 ）

I4　鞦韆包　P.2∅.2I

材料＆用具
Hamanaka Eco Andaria　A：黑色（30）／B：銀色（174）
345g、真皮提把（INAZUMA KM-18／黑色＃26／46cm）
1組、鉤針　7/0號

完成尺寸
寬27cm　高22cm

密度
10cm正方形＝花樣編14.5針×14段（取2條線）
10cm正方形＝短針11.5針×14段（取2條線）

織法重點
皆取2條線鉤織。
- 鎖針起針53針開始鉤織本體，參照織圖以短針與花樣編鉤織96段。
- 正面相對疊合本體所有合印記號，分別以引拔針接合。
- 依織圖指示，於開口與袋蓋的指定位置鉤織引拔針。
- 袋蓋沿筋編下摺，以引拔針鉤織摺線重疊部分。
- 在本體的指定位置上接縫提把。

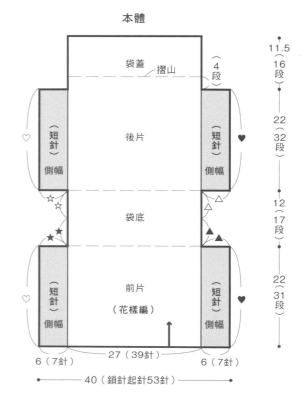

本體

袋蓋　摺山　（4段）
後片
（短針）側幅　♡　（短針）側幅　♥
☆☆　袋底　△△
★★　▲▲
（短針）側幅　♡　前片（花樣編）　（短針）側幅　♥

11.5　16段
22（32段）
12（17段）
22（31段）

6（7針）　27（39針）　6（7針）
40（鎖針起針53針）

組合方法

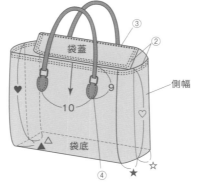

袋蓋　③　②
側幅
♥　9　10
△　袋底　☆
④　★

①將所有合印記號（♥、♡、▲、△、★、☆）
　正面相對疊放，鉤織引拔針接合。
②參照織圖，在袋口與袋蓋織片上鉤織一圈
　引拔針，作為防止織片伸展變形的措施。
③沿袋蓋筋編下摺，以引拔針鉤織摺線下方
　重疊處。
④於指定位置接縫提把。

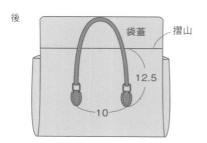

後　袋蓋　摺山
12.5
10

本體

$\textbf{J}$ =表引中長針

•••=由上方接續鉤織引拔針

▷ =接線

▶ =剪線

± =短針的筋編

$\top$ =中長針的筋編

接續● ←
接續◎ ←

👁、♦ =接合成型後，於指定的
　　　鎖針、短針上鉤織引拔針。

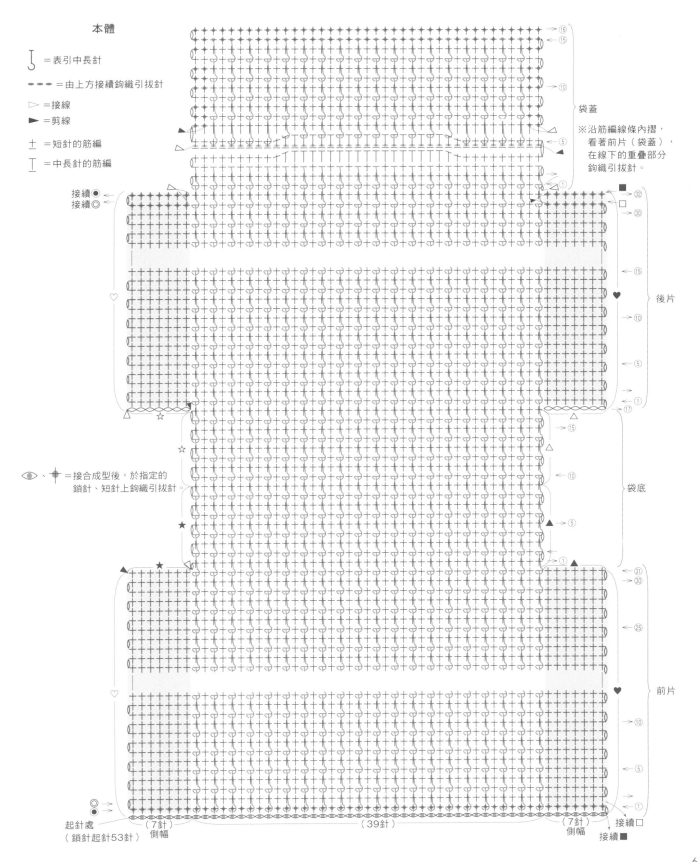

袋蓋

※沿筋編線條內摺，
　看著前片（袋蓋），
　在線下的重疊部分
　鉤織引拔針。

後片

袋底

前片

起針處
（鎖針起針53針）

（7針）
側幅

（39針）

（7針）
側幅

接續□

接續■

15 小圓包 P.22

材料＆用具

DARUMA GIMA　深綠色（3）190g、
鉤針　8/0號

完成尺寸

寬23cm　高23cm（不含提把＆側幅）

織法重點

●輪狀起針分別鉤織本體A、B，參照
　織圖，一邊加針一邊鉤織8段長針，
　僅第9段鉤織短針。接著繼續依織圖
　鉤織14段短針，製作側幅。

●提把是鎖針起針50針，沿兩側進行
　短針的輪編，鉤織2段。鉤150針鎖
　針作為提把內襯。如圖示將提把兩側
　內摺，進行藏針縫接合後，穿入提把
　內襯。

●參照圖示疊合本體A與B進行接縫，
　最後在本體的指定位置接縫提把。

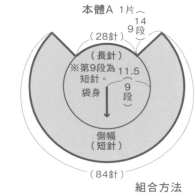

本體A 1片
（28針）
（長針）
※第9段為短針。
11.5
14
9段
袋身
9段
側幅（短針）
（84針）

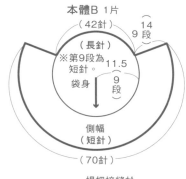

本體B 1片
（42針）
（長針）
※第9段為短針。
11.5
14
9段
袋身
9段
側幅（短針）
（70針）

組合方法

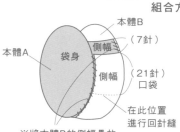

本體A
袋身
本體B
側幅（7針）
側幅（21針）口袋
在此位置進行回針縫

※將本體B的側幅疊放
於本體A的側幅上，
側幅最終段的針目則
是與袋身第9段針頭
的外側半針以捲針縫
接合固定。

提把接縫於本體上
2
7

提把內襯 1條 8/0號針

預留約20cm的線頭

●約100（鎖針150針）

兩側線頭分別穿入固定
於50針・100針之處

提把 2片

1.5
2段
（鎖針起針50針）
36

提把組合方法

提把兩側內摺，進行藏針縫，
再將提把內襯穿入接合成筒狀
的提把中。

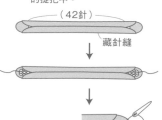

（42針）
藏針縫

提把內襯的線頭
以回針縫固定於
提把織片（背面）上。

本體A

►＝剪線

╪＝短針的筋編

本體A針數表

段	針數	
1～14段	84針	（－28針）
9段	112針	
8段	112針	（＋14針）
7段	98針	（＋14針）
6段	84針	（＋14針）
5段	70針	（＋14針）
4段	56針	（＋14針）
3段	42針	（＋14針）
2段	28針	（＋14針）
1段	14針	

本體B

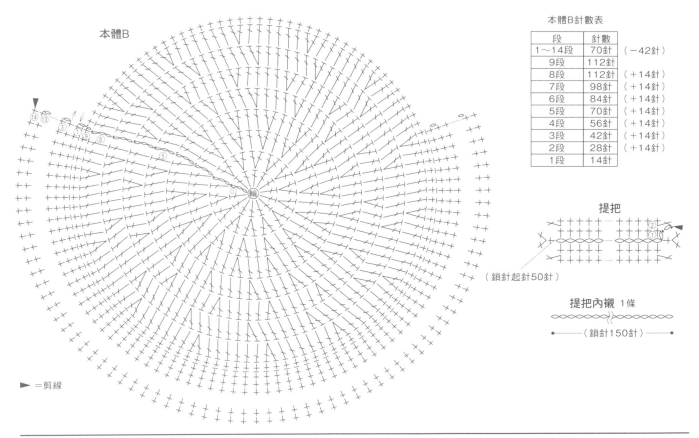

▶ =剪線

本體B針數表

段	針數	
1～14段	70針	（－42針）
9段	112針	
8段	112針	（＋14針）
7段	98針	（＋14針）
6段	84針	（＋14針）
5段	70針	（＋14針）
4段	56針	（＋14針）
3段	42針	（＋14針）
2段	28針	（＋14針）
1段	14針	

提把

（鎖針起針50針）

提把內襯 1條

（鎖針150針）

16 月亮波奇包 P.23

材料と用具
DARUMA GIMA 黃色（4）40g、長20cm拉鍊 1條、鉤針 8/0號

完成尺寸
寬13cm 高13cm

織法重點
●輪狀起針開始鉤織本體，參照織圖，一邊加針一邊鉤織4段長針，再鉤織1段短針。
●輪狀起針鉤織口袋，參照織圖，一邊加針一邊鉤織3段長針。
●口袋與一片本體對齊中心疊放，除開口（♡）以外的部分進行藏針縫。
●兩片本體背面相對疊合，於★號處接縫拉鍊，再以藏針縫拼接☆號處。
●將同色線穿入拉鍊片孔後打結固定。

組合方法
②於本體★號處接縫拉鍊。

④將同色線穿入拉鍊片孔後打結固定（取20cm×4條對摺）。

①口袋與一片本體對齊中心疊放，♡號以外進行藏針縫。

8cm

本體

③兩片本體背面相對疊合，藏針縫拼接☆號處。

★（28針）

本體
2片

（長針）
6.5
5段
※第5段為短針。

☆（28針）

口袋
開口
♡（12針）

（42針）

（長針）
1片
4.5
3段

（30針）

本體・口袋針數表

段	針數	
5段	56針	
4段	56針	（＋14針）
3段	42針	（＋14針）
2段	28針	（＋14針）
1段	14針	

本體・口袋 ▶ =剪線

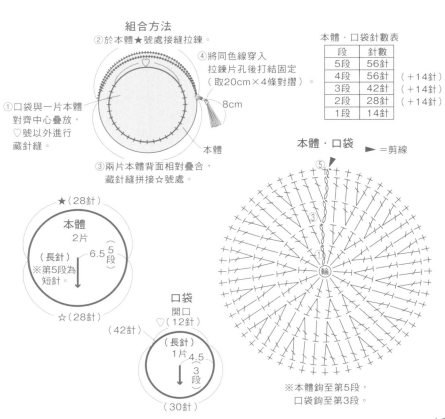

※本體鉤至第5段，口袋鉤至第3段。

69

17 半月波奇包 P.23

材料＆用具
DARUMA GIMA 藍綠色（8）40g、長20cm的拉鍊 1條、鉤針 8/0號

完成尺寸
寬18cm 高9cm

織法重點
●輪狀起針開始鉤織本體，參照織圖，一邊加針一邊鉤織5段長針，再鉤織1段短針。
●輪狀起針鉤織口袋，參照織圖，一邊加針一邊鉤織4段長針。
●本體背面相對疊合，分別將♥、♡號處進行藏針縫縫合，於★、☆號處接縫拉鍊。
●口袋背面相對對摺，分別將△、▲號處進行藏針縫。放入本體中之後，與袋底縫合固定。
●將同色線穿入拉鍊片孔後打結固定。

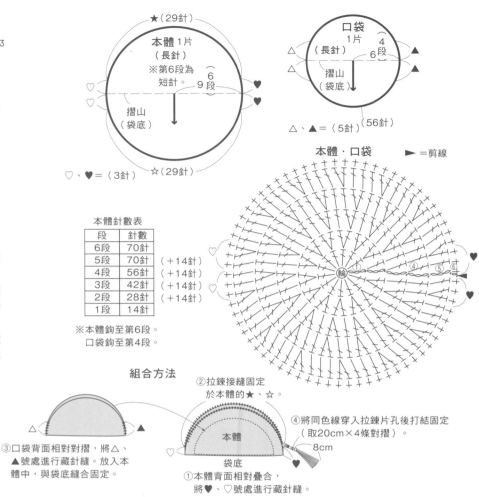

★（29針）

本體1片
（長針）
※第6段為短針。
6~9段

摺山
（袋底）

♡、♥＝（3針）
☆（29針）

口袋
1片
（長針）
摺山
（袋底）
4
6段

△、▲＝（5針）（56針）

本體・口袋 　► ＝剪線

本體針數表
段	針數	
6段	70針	
5段	70針	（＋14針）
4段	56針	（＋14針）
3段	42針	（＋14針）
2段	28針	（＋14針）
1段	14針	

※本體鉤至第6段。
口袋鉤至第4段。

組合方法

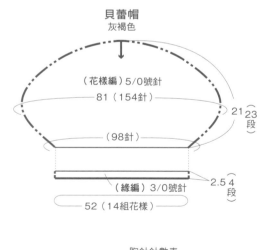

③口袋背面相對對摺，將△、▲號處進行藏針縫。放入本體中，與袋底縫合固定。

②拉鍊接縫固定於本體的★、☆。

本體

袋底

①本體背面相對疊合，將♥、♡號處進行藏針縫。

④將同色線穿入拉鍊片孔後打結固定（取20cm×4條對摺）。
8cm

---

19 貝蕾帽＆胸針 P.26

材料＆用具
Hamanaka 亞麻線《LINEN》30 灰褐色（103）120g、藏青色（109）5g、別針（長3cm）1個、鉤針 5/0號、3/0號

完成尺寸
貝蕾帽：頭圍52cm 帽深23.5cm
胸針：直徑6.5cm

密度
10cm正方形＝花樣編19針×11段

織法重點
●輪狀起針開始鉤織帽子本體，參照織圖，一邊加減針一邊以花樣編鉤織23段，再鉤織4段緣編。
●輪狀起針鉤織胸針，參照織圖，一邊加針一邊以花樣編鉤織4段。再將別針接縫於背面側。

貝蕾帽
灰褐色

（花樣編）5/0號針
81（154針）

（98針）

21（23段）

（緣編）3/0號針

52（14組花樣）

2.5（4段）

胸針 藍色

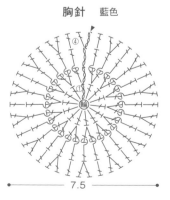

7.5

在背面接縫胸針

胸針針數表
段	針數	
4段	42針	（＋14針）
3段	28針	
2段	28針	（＋14針）
1段	14針	

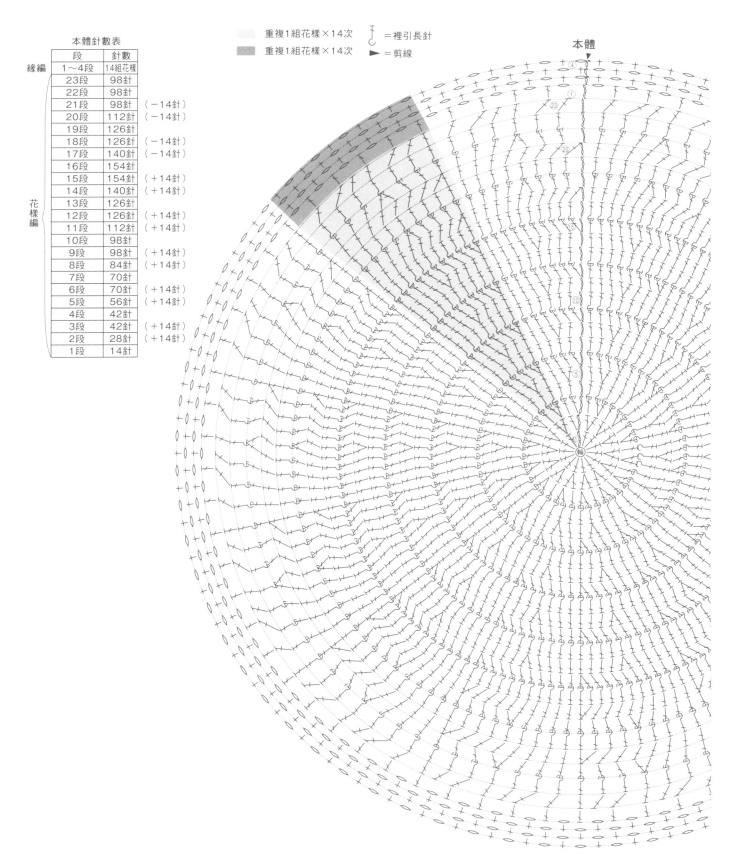

本體針數表

	段	針數	
緣編	1〜4段	14組花樣	
花樣編	23段	98針	
	22段	98針	
	21段	98針	（−14針）
	20段	112針	（−14針）
	19段	126針	
	18段	126針	（−14針）
	17段	140針	（−14針）
	16段	154針	
	15段	154針	（+14針）
	14段	140針	（+14針）
	13段	126針	
	12段	126針	（+14針）
	11段	112針	（+14針）
	10段	98針	
	9段	98針	（+14針）
	8段	84針	（+14針）
	7段	70針	
	6段	70針	（+14針）
	5段	56針	（+14針）
	4段	42針	
	3段	42針	（+14針）
	2段	28針	（+14針）
	1段	14針	

重複1組花樣×14次
重複1組花樣×14次

$\int$ =裡引長針
► =剪線

本體

18 2Way手拿包 P.24.25

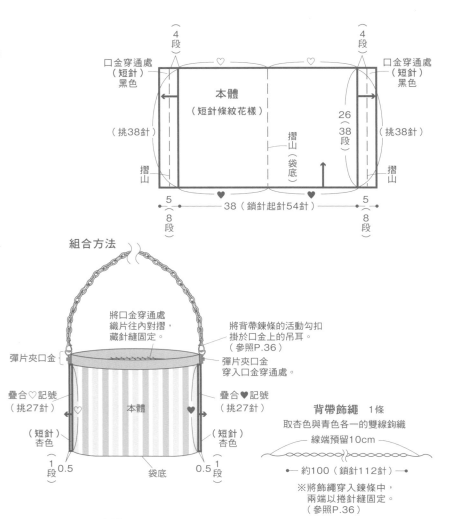

材料＆用具

DARUMA GIMA 黑色（7）60g、藍色（5）・
杏色（6）各40g、吊耳彈片夾口金（日本紐
釦 JS8527-AG／27cm）1組、包用鍊條附活動
勾（日本紐釦 RWS1506-AG／90cm）1條、鉤
針8/0號

完成尺寸

寬27cm 高21cm

密度

10cm正方形＝短針條紋花樣14針×14.5段

織法重點

●鎖針起針54針開始鉤織本體，參照織圖，鉤
織38段短針的條紋花樣。在兩端接線，分別
鉤織8段短針製作口金穿通處，接著往內對
摺，藏針縫固定。

●本體如圖示以袋底作為摺山，背面相對對
摺，♥與♥、♡與♡重疊對齊，鉤織1段短
針接合。

●背帶飾繩為鉤織112針鎖針，再穿入包用鍊
條之中，兩端以捲針縫固定。

●彈片夾口金穿入本體的口金穿通處，再將背
帶鍊條的活動勾扣掛於口金上的吊耳。

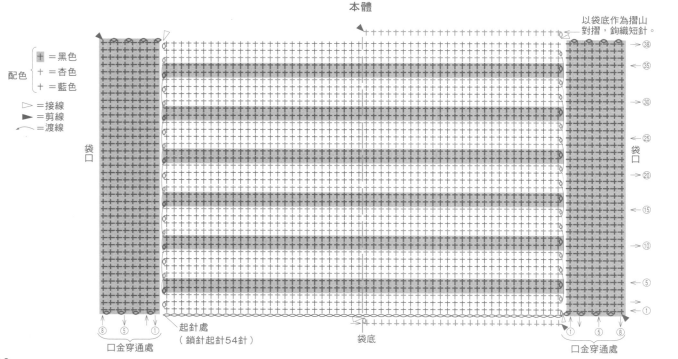

20 掀蓋手拿包 P.27

材料と用具

DARUMA 麻繩 水藍色（14）225g、灰色
（7）40g、紅棕色（12）20g、鉤針 8/0號

完成尺寸

寬28cm 高19cm

密度

10cm正方形＝花樣編7.5針×7段
10cm正方形＝短針10針×12段

織法重點

●鎖針起針20針開始鉤織本體，參照織圖以
　輪編進行13段花樣編。
●鎖針起針20針開始鉤織袋蓋，參照織圖鉤
　織16段短針，接著沿四周鉤織4段緣編。
●袋蓋以捲針縫接縫於本體上。

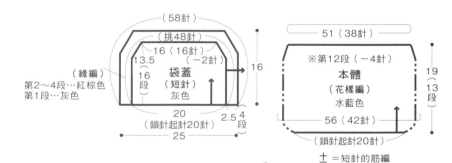

±＝短針的筋編

袋蓋　配色 ± ＝紅棕色
　　　　　　 ＋ ＝灰色

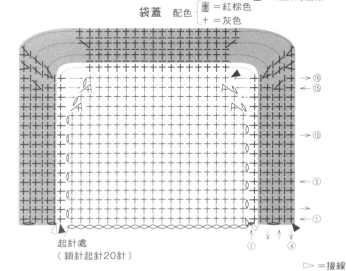

起針處
（鎖針起針20針）

▷ ＝接線
► ＝剪線

組合方法

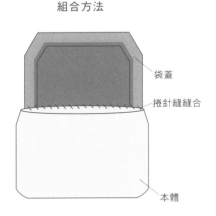

袋蓋

捲針縫縫合

本體

本體 袋蓋接縫位置

本體針數表

段	針數	
13段	38針	
12段	38針	（−4針）
2〜11段	42針	
1段	42針	

 ＝5中長針的玉針

起針處
（鎖針起針20針）

21 麻花手提袋 P.28

材料＆用具
DARUMA Wool Jute 杏色（1） 420g、方形
木提把（角田商會 D28／antique） 1組、直
徑3cm鈕釦 1顆、鉤針 8/0號

完成尺寸
寬約50cm 高28cm

密度
10cm正方形＝短針11針×14段

織法重點
- 鎖針起針100針開始鉤織本體，參照織圖，
  一邊進行短針與花樣編的減針，鉤織25段，
  以此方式鉤織2片。
- 側幅為鎖針起針100針，參照織圖鉤織12段
  短針。
- 釦帶A、B為鎖針起針15針，參照織圖鉤織5
  段短針。
- 在提把上接線鉤織短針。
- 參照組合方法，將本體與側幅正面相對疊
  放，進行引拔針併縫。翻至正面後，在袋口
  的指定位置鉤織6段緣編，並且往內對摺，
  與挑針段藏針縫合。提把以引拔針接縫於本
  體的指定位置，釦帶A、B分別藏針縫於本
  體兩側的脇邊，最後在釦帶B縫上鈕釦。

組合方法

①兩片本體與側幅正面相對疊放，以引拔針縫合。

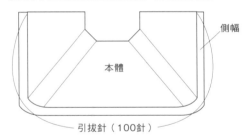

②將步驟①翻至正面，在袋口鉤織6段緣編，
  往內對摺後，與挑針段進行藏針縫。

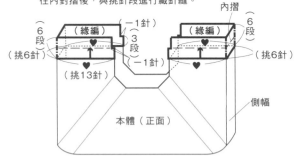

緣編

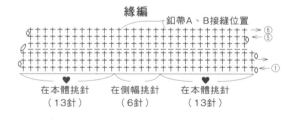

± ＝短針的筋編

③在提把上接線鉤織短針。看著
  袋身內側以引拔針接縫於本體。

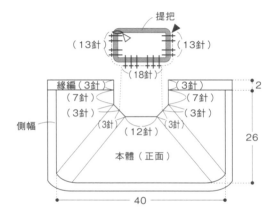

④釦帶A、B以藏針縫固定於本體
  兩側的脇邊，在釦帶B縫上鈕釦。

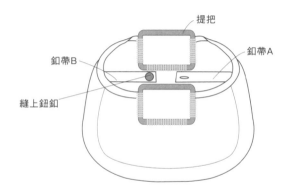

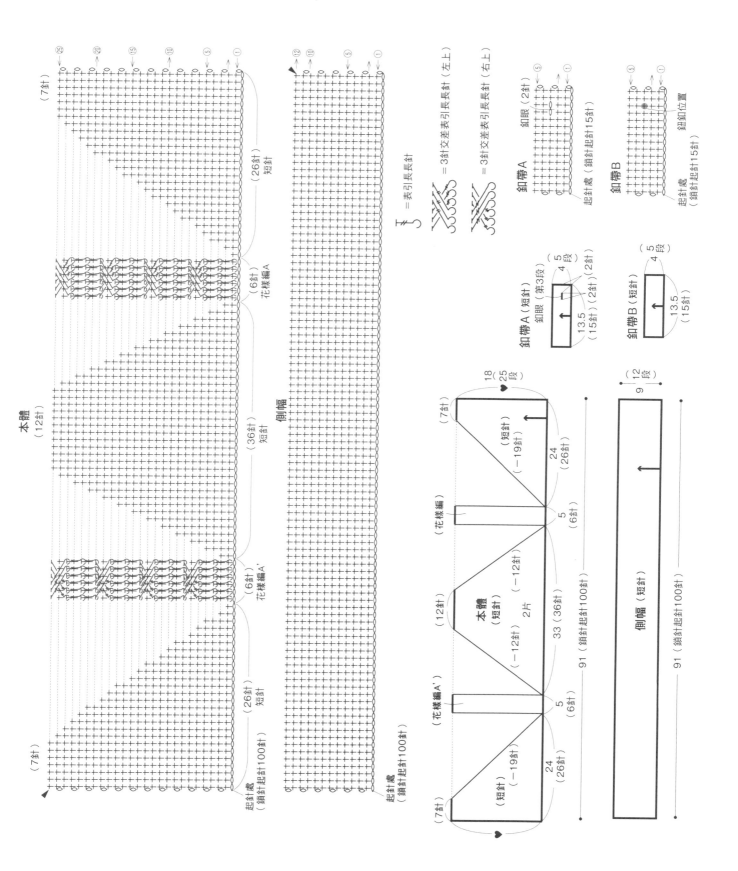

本體
（12針）

（7針）

（26針）
短針

（6針）
花樣編A

（6針）
花樣編A'

（26針）
短針

起針處
（鎖針起針100針）

（7針）

側幅

起針處
（鎖針起針100針）

＝表引長長針

＝3針交差表引長長針（左上）

＝3針交差表引長長針（右上）

鈕眼A　鈕眼（2針）

起針處（鎖針起針15針）

鈕帶B

鈕釦位置

起針處
（鎖針起針15針）

鈕帶A（短針）

鈕眼（第3段）

4　5段

（15針）（2針）（2針）

13.5

鈕帶B（短針）

4　5段

（15針）

13.5

18
（25
段）

（7針）

（花樣編）

（短針）
（−19針）

24
（26針）

5
（6針）

本體
（短針）
2片

（−12針）（−12針）

33（36針）

（花樣編A'）　（12針）

5
（6針）

（7針）

（短針）
（−19針）

24
（26針）

91（鎖針起針100針）

9
（12
段）

側幅（短針）

91（鎖針起針100針）

22 流蘇手拿包 P.29

材料＆用具
DARUMA 麻繩 白色（11）170g、GIMA 黑色
（7）50g、30cm拉鍊 1條、鍊條 3cm、鉤針
8/0號

完成尺寸
寬30cm 高18.5cm

密度
10cm正方形＝短針的織入花樣13.5針×15段
10cm正方形＝短針的筋編13.5針×10段

織法重點
●鎖針起針36針從袋底開始鉤織，參照織圖，
一邊加針一邊以短針的織入花樣鉤織2段。
接續鉤織袋身，以短針的織入花樣不加減針
鉤織19段，再以短針的筋編鉤織6段。
●拉鍊接縫於袋口的☆、★。
●參照圖示製作流蘇，在流蘇頂端安裝鍊條，
再將鍊條組裝於拉鍊片孔上。
●在袋身的指定位置繫上裝飾流蘇（80處）。

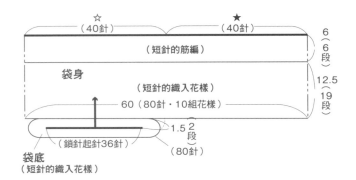

組合方法

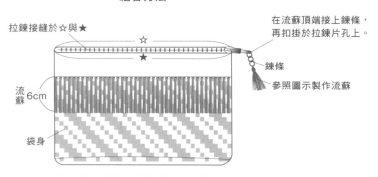

※流蘇分別繫在袋身短針筋編第1段的餘下半針上。
（取15cm白色與黑色各1條對摺）共繫在80處。

流蘇製作方法
1個

① 取原色與黑色各一的2條線，在厚紙板上
繞繞14圈。如圖示以黑色線穿入一側打結。

② 以黑色線在距離頂端1.5cm處
束緊打結，末端修剪整齊。

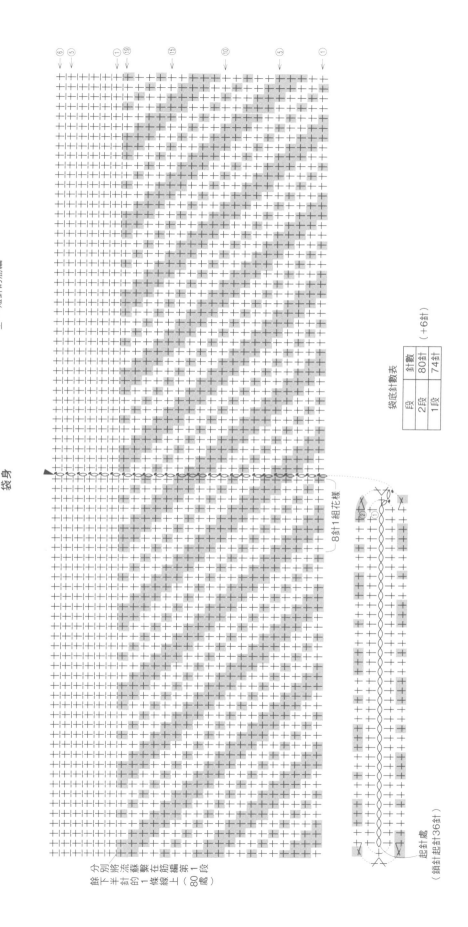

配色 { ┼ ＝黑色　　　　▲ ＝剪線
　　　 ＋ ＝白色

　　　　土 ＝短針的筋編

袋身

8針1組花樣

袋底針數表

段	針數	（＋6針）
2段	80針	
1段	74針	

起針處

（鎖針1起針136針）

餘下半針的蘇流繫在筋編第1段上1條線上（80處）

分別將的針

23 艾倫花樣包 P.3∅

材料＆用具
DARUMA GIMA　黃色（4）165g、杏色（1）
60g、鉤針 8/0號

完成尺寸
寬34.5cm　高23.5cm（不含提把）

密度
10cm正方形＝短針15針×15.5段
10cm正方形＝花樣編15針×10段

織法重點
●輪狀起針從袋底開始鉤織，參照織圖，一邊加針
　一邊以短針鉤織17段。接續鉤織袋身，以不加減
　針的花樣編鉤至第18段。改換色線，以短針鉤織
　7段，再鉤織1段引拔針。
●提把為鎖針起針60針，以短針的輪編鉤織3段。
　將中央處的15針對摺，縫合固定。
●將提把接縫於袋身的指定位置。

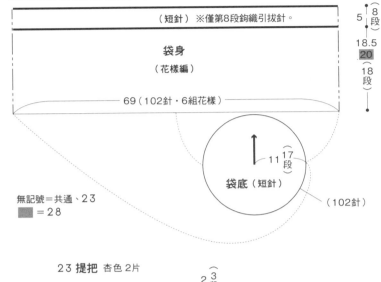

※作品23與28的織法皆相同（提把除外）

（短針）※僅第8段鉤織引拔針。

袋身
（花樣編）

69（102針・6組花樣）

5 {8段
18.5
20
18段}

無記號＝共通、23
■＝28

袋底（短針）

11（17段）
（102針）

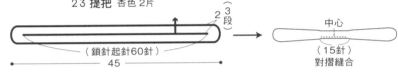

23 提把 杏色2片

（鎖針起針60針）
45
2（3段）
中心
（15針）
對摺縫合

23 提把

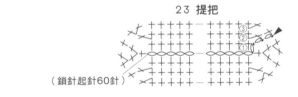

（鎖針起針60針）

28 艾倫花樣側肩包 P.35

材料＆用具
DARUMA Classic Tweed　淺灰色（7）165g、茶色
（6）30g、合成皮製手織包用肩背帶（INAZUMA
YAS-6091／茶色＃540）1組、鉤針 8/0號

完成尺寸
寬34.5cm　高25cm（不含提把）

密度
10cm正方形＝短針15針×15.5段
10cm正方形＝花樣編15針×9段

織法重點
●輪狀起針從袋底開始鉤織，參照織圖，一邊加針
　一邊以短針鉤織17段。接續鉤織袋身，以不加減
　針的花樣編鉤至第18段。改換色線，以短針鉤織
　7段，再鉤織1段引拔針。
●將提把接縫於袋身的指定位置。

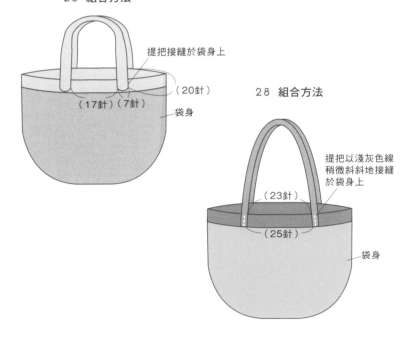

23 組合方法

提把接縫於袋身上
（20針）
（17針）（7針）
袋身

28 組合方法

提把以淺灰色線
稍微斜斜地接縫
於袋身上
（23針）
（25針）
袋身

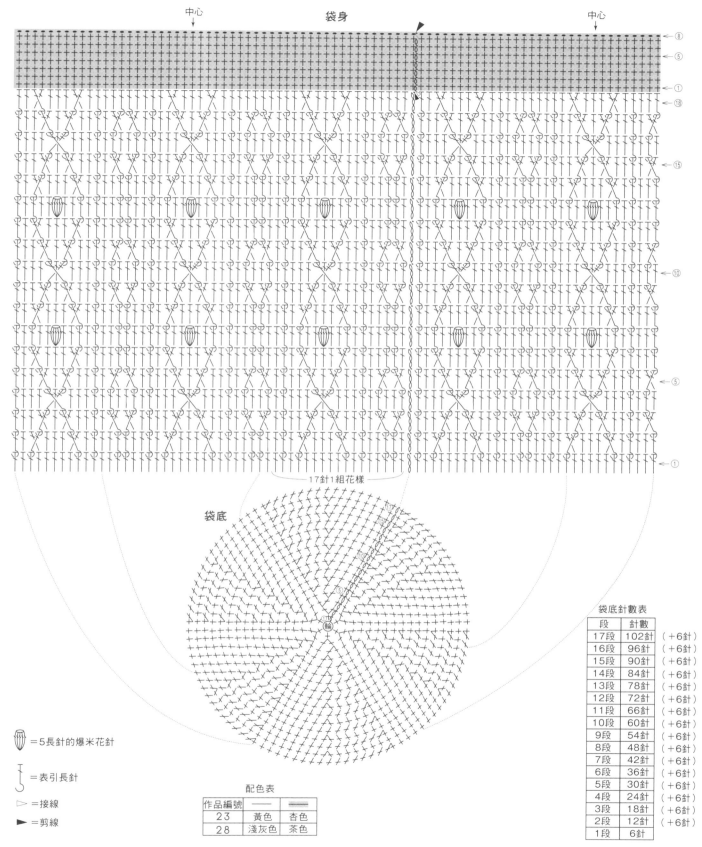

中心　袋身　中心

袋底

17針1組花樣

=5長針的爆米花針

=表引長針

=接線

=剪線

配色表

作品編號	——	——
23	黃色	杏色
28	淺灰色	茶色

袋底針數表

段	針數	
17段	102針	（＋6針）
16段	96針	（＋6針）
15段	90針	（＋6針）
14段	84針	（＋6針）
13段	78針	（＋6針）
12段	72針	（＋6針）
11段	66針	（＋6針）
10段	60針	（＋6針）
9段	54針	（＋6針）
8段	48針	（＋6針）
7段	42針	（＋6針）
6段	36針	（＋6針）
5段	30針	（＋6針）
4段	24針	（＋6針）
3段	18針	（＋6針）
2段	12針	（＋6針）
1段	6針	

24 購物袋 P.31

材料＆用具

Hamanaka Eco Andaria《Crochet》 原色（801）・藏青色（810） 各55g、Flax C 白色（1）・藏青色（7） 各45g、鉤針7/0號

完成尺寸

寬26.5cm 高27cm（不含提把）

密度

10cm正方形＝長針18針×9段（皆取Eco Andaria《Crochet》與Flax C各一的雙線鉤織）

織法重點

● 鎖針起針148針開始鉤織本體，參照織圖，以長針鉤織10段的條紋。接著繼續鉤織右側的48針至第23段。再接線鉤織左側的48針，鉤至第24段時，鉤織鎖針接續右側，直至第34段為止。
● 在本體的指定位置鉤織1段短針。
● 參照組合方法，完成本體。

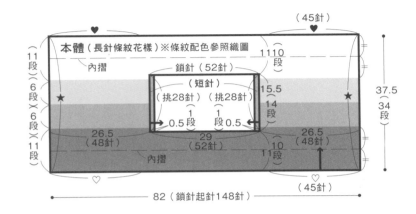

組合方法 ※縫合線請配合本體顏色。

① 本體正面相對疊合，以短針（45針）接合♡與♥。

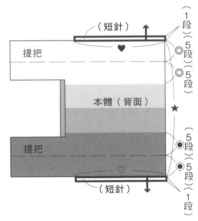

② 在對摺重疊的狀態下，將合印記號◎與●內摺，再以短針（46針）接合★號處。

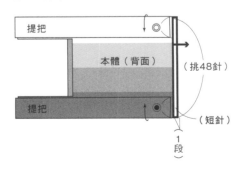

③ 將本體翻回正面，在兩片提把的指定位置一併挑針鉤織引拔併縫。

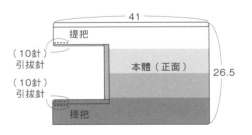

本體

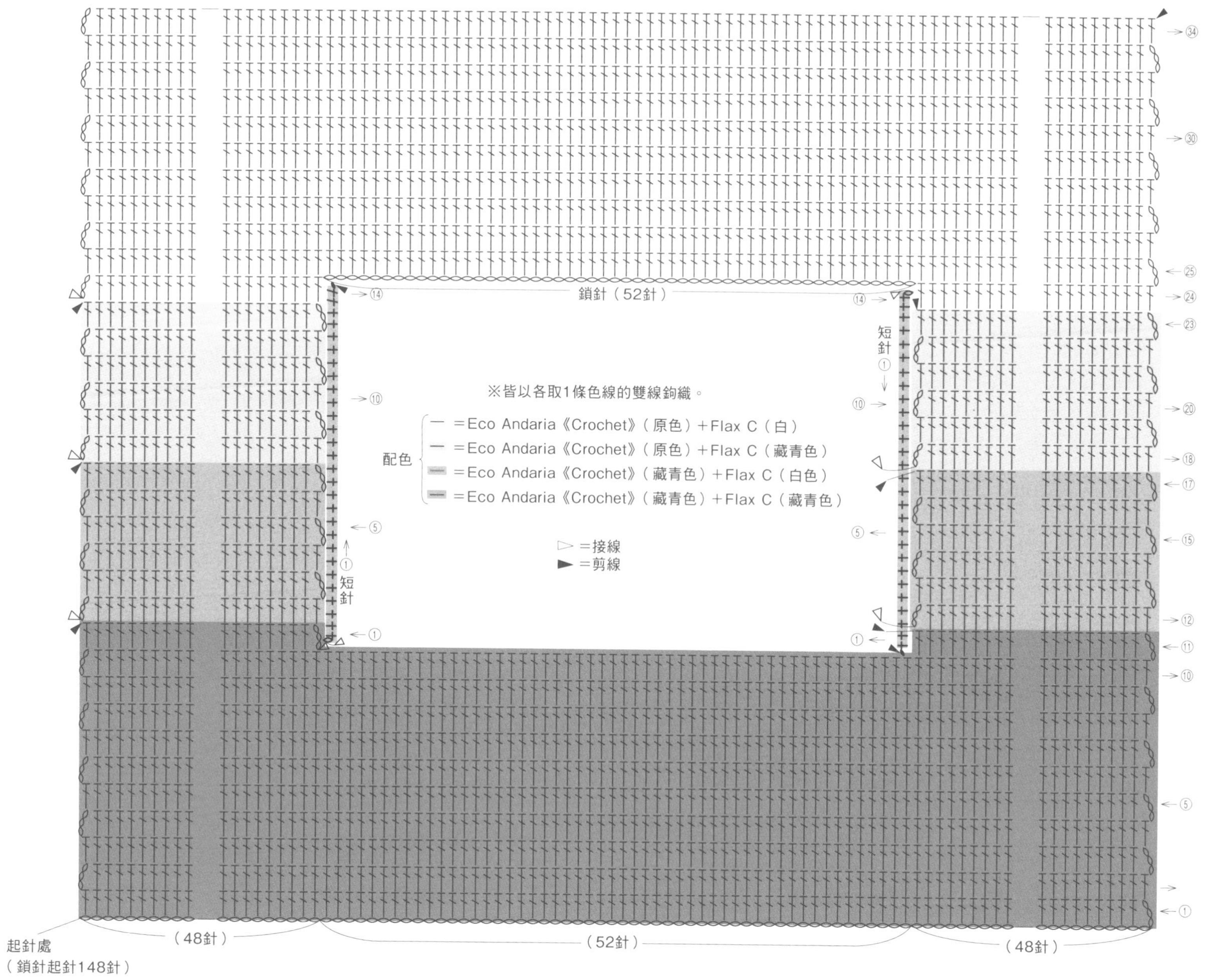

配色

— ＝Eco Andaria《Crochet》（原色）＋Flax C（白）
— ＝Eco Andaria《Crochet》（原色）＋Flax C（藏青色）
▨ ＝Eco Andaria《Crochet》（藏青色）＋Flax C（白色）
▨ ＝Eco Andaria《Crochet》（藏青色）＋Flax C（藏青色）

※皆以各取1條色線的雙線線鉤織。

△ ＝接線
▲ ＝剪線

短針

鎖針（52針）

（52針）

（48針）

（48針）

起針處
（鎖針起針148針）

25 3Way條紋包 P.32,33

材料＆用具

Hamanaka Eco Andaria 杏色（23）70g、苔蘚綠（61）・深藍綠（63）・淺藍綠（68）・灰色（148）各25g、皮革提把（INAZUMA BS-1502A／杏色 #4）1組、直徑12mm的塑膠釦 2組、鉤針 6/0號

完成尺寸

參照圖示

密度

10cm正方形＝短針・短針條紋花樣18針×21段

織法重點

●鎖針起針46針從袋底開始鉤織，參照織圖，一邊加針一邊以短針的條紋花樣鉤織3段。接續鉤織袋身，以不加減針的短針進行37段的條紋花樣。再以短針鉤織14段，並且在第1段製作活動勾扣孔。接線鉤織2段，製作出鏤空的提把孔，並且繼續鉤織第3段。在指定的位置上接線，參照織圖，鉤織7段短針。

●塑膠釦縫於指定位置。

●將提把的活動勾扣入袋身的扣孔上。

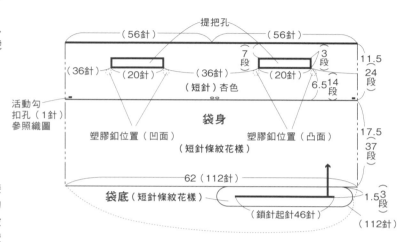

提把孔
（56針） （56針）
7段 3段 11.5
（36針）（20針）（36針）（20針）24段
（短針）杏色 6.5 14段
活動勾
扣孔（1針）
參照織圖 袋身
塑膠釦位置（凹面） 塑膠釦位置（凸面） 17.5 37段
（短針條紋花樣）
62（112針）
袋底（短針條紋花樣） 1.5 3段
（鎖針起針46針）
（112針）

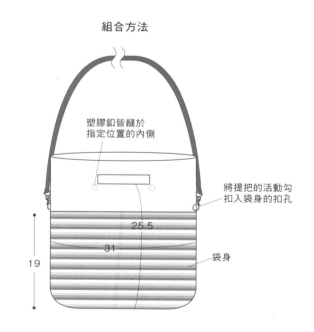

組合方法

塑膠釦皆縫於
指定位置的內側

將提把的活動勾
扣入袋身的扣孔

25.5
31
19
袋身

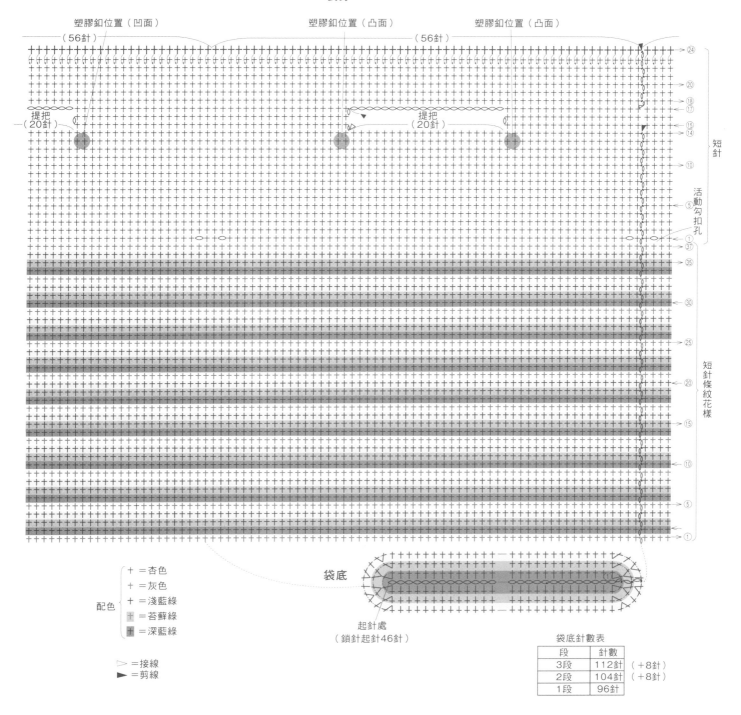

短針第24段的織法

十 →㉔ 第24段是挑22段的針頭，
十 →㉒ 包裹前段般的鉤織短針。

袋身

塑膠釦位置（凹面）　　　　塑膠釦位置（凸面）　　　塑膠釦位置（凸面）
（56針）　　　　　　　　　　（56針）

提把
（20針）

提把
（20針）

短針

活動勾扣孔

短針條紋花樣

配色
十 ＝杏色
十 ＝灰色
十 ＝淺藍綠
十 ＝苔蘚綠
十 ＝深藍綠

▷＝接線
▶＝剪線

袋底

起針處
（鎖針起針46針）

袋底針數表

段	針數	
3段	112針	（＋8針）
2段	104針	（＋8針）
1段	96針	

Basic Technique Guide 鉤針編織基礎技法

 繞線成圈的輪狀起針

線頭於左手食指上繞線兩圈。

取下線圈，以左手拇指和中指捏住線圈交叉點固定，鉤針穿入線圈，掛線鉤出。

鉤針再次掛線鉤出。

完成輪狀起針（此針目不算作1針）。

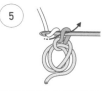
鉤織第1段立起針的鎖針。

鉤針穿入起針線圈內，依箭頭指示鉤出織線。

鉤針掛線引拔，鉤織短針。

完成1針短針。

完成第1段6針短針的模樣。

完成第1段後，收緊中心的線圈。稍微拉動線頭，找出2條線中連動的那條。

拉動線段，收緊距離線頭較遠的線圈（靠近線頭的線圈尚未收緊）。

拉動線頭，收束靠近線頭的線圈。

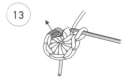
第1段的鉤織終點，挑第1針短針針頭的2條線。

鉤針掛線引拔。

完成第1段。

鎖針

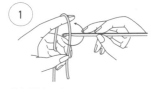
手指掛線，線端預留約10cm，鉤針置於織線後方，依箭頭方向旋轉一圈，作出1線圈。

以拇指與中指固定線圈交叉點，鉤針依箭頭指示掛線。

依箭頭指示鉤出掛於針尖處的織線。

下拉線頭收緊線圈。此即邊端針目，不算作1針。

鉤針置於織線內側，依箭頭指示掛線。

鉤針掛線後，從掛在針上的線圈中鉤出織線。

掛於鉤針線圈之下的，即是完成的1針鎖針。鉤針再次掛線鉤出，以相同要領繼續鉤織。

完成3針鎖針的模樣。依照相同要領繼續鉤織。

引拔針

輔助性針法，接合針目時也會使用。

鉤針掛線直接鉤出。

鎖針的挑針法

● 挑鎖針裡山

保持鎖狀外形，成品漂亮的挑針法。

● 挑鎖針半針＆裡山

挑針容易，針目穩定扎實的挑針法。

╋ 短針

「立起針」為1針鎖針，由於針目太小，不算作1針。

1 鉤織立起針的1針鎖針，挑起針針目的邊端鎖針。

2 鉤針掛線，依箭頭指示鉤出織線。此狀態稱為「未完成的短針」。

3 鉤針掛線，一次引拔鉤針上的2個線圈。

4 完成1針短針。

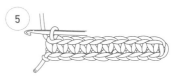

5 以相同要領繼續鉤織。完成10針短針的模樣。

┬ 中長針

高度介於短針與長針之間的針目。「立起針」為2針鎖針，立起針算作1針。

1 鉤織立起針的2針鎖針，鉤針先掛線，挑起針針目邊端的倒數第2針。

2 鉤針掛線，鉤出相當於2鎖針高度的織線。

3 此狀態稱為「未完成的中長針」。鉤針掛線，一次引拔鉤針上的3個線圈。

4 完成1針中長針。立起針算作1針，如此已完成2針。

┬ 長針

「立起針」為3針鎖針，立起針算作1針。

1 鉤織立起針的3針鎖針，鉤針先掛線。

2 立起針算作1針，因此要挑起針針目邊端的倒數第2針。

3 掛線鉤出
鉤針掛線，鉤出相當於2鎖針高度的織線。

4 鉤針掛線，依箭頭指示引拔前2個線圈。

5 此狀態稱為「未完成的長針」。鉤針再次掛線，引拔剩下的2個線圈。

6 完成1針長針。立起針算作1針，如此已完成2針。

╋ 短針筋編

僅挑前段鎖狀針頭的半針鉤織，讓另外半針浮凸於織片的鉤織針目。

1 第1段鉤織一般的短針，第2段（看著織片背面鉤織）挑前段鎖狀針頭的內側半針，鉤織短針。

2 留下半針成為浮凸於織片正面的線條狀，僅挑內側半針鉤織短針。

3 鉤織第3段（看著織片正面鉤織），挑前段鎖狀針頭的外側半針，鉤織短針。

∨ 2短針加針（挑針鉤織）

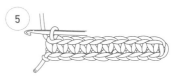

鉤織1針短針，鉤針再次穿入同一個針目，鉤織另1針短針。

⋀ 2短針併針

1 挑針後掛線鉤出，下一針以相同方式挑針後掛線鉤出（2針未完成的短針）。鉤針再次掛線，一次引拔鉤針上的3個線圈。

2 完成2短針併針。

∨ 2長針加針（挑針鉤織）

1 鉤織1針長針，鉤針掛線後穿入同一個位置。

2 再鉤織1針長針。

3 完成2針長針加針。針目記號針腳相連時，皆挑同一個針目鉤織。

∨ 2長針加針（挑束鉤織）

1 鉤針穿入前段鎖針下方的空隙，挑束鉤織長針。鉤針再次穿入同一個位置，挑束鉤織另1針長針。

2 完成2針長針加針。針目記號針腳分離時，皆於前段挑束鉤織。

⋀ 3中長針併針

① 鉤針掛線，於前段（此處為起針）針目挑針，鉤出2鎖針長的織線，鉤織未完成的中長針。

② 依箭頭指示挑針，鉤織另外2針未完成的中長針。

③ 鉤針掛線，一次引拔掛在針上的7個線圈。

⋀ 3中長針的玉針（挑針鉤織）

① 鉤針掛線，於前段（此處為起針）針目挑針，鉤織未完成的中長針，依相同要領在同一針目鉤織未完成的中長針（全部共3針）。

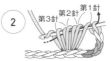

② 鉤針掛線，一次引拔掛在針上的7個線圈。

⋏ 2長針併針

① 鉤針掛線，於前段（此處為起針）針目挑針。

② 鉤出2鎖針長的織線，鉤針掛線後，引拔鉤針上的前2個線圈。

③ 鉤織未完成的長針。鉤針掛線，在下一針挑針，鉤織另1針未完成的長針。

④ 鉤針掛線，一次引拔鉤針上的3個線圈。

⑤ 2針併成1針，完成2長針併針（減為1針的狀態）。

⦚ 2中長針的變形玉針

① 在相同位置織入2針未完成的中長針，針尖掛線後，引拔前4個線圈。

② 針尖再次掛線，引拔掛在針上的2個線圈。

③ 完成「2中長針的變形玉針」。

⦚ 裡引短針

① 宛如挑起前前段針目的整個針腳，鉤針由外往內橫向穿入針目記號的彎鉤（ʓ）處，再穿出至外側。

② 鉤針掛線，鉤出長長的織線。

③ 針尖掛線，引拔掛在針上的2個線圈（鉤織短針）。

④ 完成1針「裡引短針」。由正面檢視則是如同表引針一樣。跳過引上針前方的前段1針，在下一個針目挑針鉤織。

⦚ 5長針的爆米花針（挑針鉤織）

① 挑前段（此為起針）的1個針目織入5針長針，將鉤針暫時抽出，原本掛在針上的第5針維持原狀（暫休針），鉤針由內往外穿入第1針長針的針頭，再穿回暫休針。

② 將暫休針的針目從第1針引拔鉤出。

③ 為了避免鉤出的針目鬆開，鉤1鎖針收緊針目。

短針的織入花樣（橫向渡線）

第1段 1

底色線　配色線

即將換色的前一針最後引拔時，換上配色線。

2

一次挑鉤底色線與配色線的線頭，鉤針掛線，鉤出織線。

3

一邊包覆底色線與線頭，一邊以配色線鉤織短針。

4

配色線最後引拔時換線。

5

一邊包覆配色線，一邊以底色線鉤織短針。

6

以相同要領一邊換線，一邊鉤織針目。

第2段 7

配色線在背面側渡線，一邊包覆，一邊以底色線鉤織短針。

8

底色線最後引拔時換上配色線。

9

以相同要領一邊換線，一邊鉤織，鉤織下一段立起針後將織片翻回正面。包覆的配色線也跟著繞向織片背面側。

第3段 10

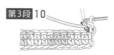

配色線在背面側渡線，以底色線包覆鉤織。

11

奇數段由內往外；偶數段由外往內掛線，讓暫休針的線頭位於背面側。

12

鉤織下一段立起針後將織片翻面。

⌡ 表引長針

① 鉤針掛線，針目記號的彎鉤（⌡）處，都是如圖示由正面橫向穿過整個針目針腳。

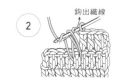
② 鉤針如圖示鉤出長長的織線，接著再次掛線，一次引拔掛在針上的2個線圈（長針）。

鉤出織線

③ 再次引拔，完成表引長針。

⌡ 裡引長針

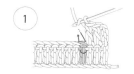
① 鉤針掛線，針目記號的彎鉤處，都是如圖示由背面橫向穿過整個針目針腳，鉤織長針。

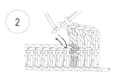
② 完成1針裡引長針。

✕ 交叉長針

第1段

① 鉤針掛線，挑前段（此為起針針目）針目，鉤織長針。

鎖針1針
立起針的3針鎖針
基底針目

② 鉤針掛線，挑前一個針目鉤織。

③ 如同包覆步驟1織好的針目般，鉤出織線。

④ 鉤針掛線，引拔2個線圈。

⑤ 鉤針再次掛線，引拔最後2個線圈（長針）。

⑥ 完成1針交叉長針。繼續鉤織。

⑦ 鉤織交叉針時，皆挑前段的前一個針目，包覆鉤織前一個長針般，鉤織長針。無論交叉針數，基本要領都相同。

第2段

⑧ 如同第1段鉤織長針後，鉤針掛線，挑前一個針目。

鎖針1針
立起針的鎖針3針

⑨ 包覆鉤織前一個長針般，鉤織長針。

⑩ 正面與背面在鉤織方法上並無區別，因背面段也以相同的方式鉤織，因此每一段的交叉方向會相反。

✕ 變形交叉長針（右上）　切斷的針目記號在下方，以此方式鉤織交叉針。

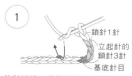
① 鉤針掛線，挑前段（此為起針）邊端第4個針目鉤織長針。

鎖針1針
立起針的鎖針3針
基底針目

② 鉤針掛線，依箭頭指示，從內側在織好的左側長針前一針挑針。

③ 鉤針掛線鉤出。

④ 針尖掛線，分2次引拔2個線圈鉤織長針。右側長針交叉在上。

1 2

⑤ 完成「變形交叉長針（右上）」。繼續鉤織。

⑥ 挑前段針目鉤織左側的1針長針，鉤針再次掛線，同步驟2在前一個針目挑針。

鎖針1針
立起針的鎖針3針

⑦ 鉤針掛線，從先前鉤織的左側長針前方鉤出織線。

⑧ 針尖掛線，分2次引拔2個線圈鉤織長針。右側長針交叉在上。

⑨ 繼續鉤織。鉤織方法不分正、背面，由於並非包裹鉤織的交叉針，因此交叉方向都一樣。

✕ 變形交叉長針（左上）

① 鉤針掛線，挑前段（此為起針）邊端第4個針目鉤織長針。

鎖針1針
立起針的鎖針3針
基底針目

② 鉤針掛線，依箭頭指示，從外側在織好的左側長針前一針挑針，鉤針掛線鉤出。

③ 針尖掛線，分2次引拔2個線圈鉤織長針。左側長針交叉在上。

1 2

④ 完成「變形交叉長針（左上）」。繼續鉤織。

國家圖書館出版品預行編目資料

原色時尚手織包＆帽：麻與天然素材的百搭單品提案／
日本VOGUE社編著；彭小玲譯.
-- 初版. -- 新北市：雅書堂文化事業有限公司, 2021.08
面；　公分. --（愛鉤織；69）
譯自：麻ひもと天然素材で編むかごバッグと帽子
ISBN 978-986-302-580-1（平裝）

1.編織 2.手提袋 3.帽

426.4　　　　　　　　　　　　　　110003658

【Knit・愛鉤織】69

原色時尚手織包＆帽
麻與天然素材的百搭單品提案

作　　者／日本VOGUE社
譯　　者／彭小玲
發 行 人／詹慶和
執行編輯／蔡毓玲
編　　輯／劉蕙寧・黃璟安・陳姿伶
執行美編／韓欣恬
美術編輯／陳麗娜・周盈汝
出 版 者／雅書堂文化事業有限公司
發 行 者／雅書堂文化事業有限公司
郵撥帳號／18225950
戶　　名／雅書堂文化事業有限公司
地　　址／新北市板橋區板新路206號3樓
電　　話／（02）8952-4078
傳　　真／（02）8952-4084
網　　址／www.elegantbooks.com.tw
電子郵件／elegantbooks@msa.hinet.net

2021年08月初版一刷　定價380元

ASAHIMO TO TENNEN SOZAI DE AMU KAGO BAG TO BOSHI(NV70480)
Copyright © NIHON VOGUE-SHA 2018
All rights reserved.
Photographer: Yukari Shirai
Original Japanese edition published in Japan by NIHON VOGUE Corp.
Traditional Chinese translation rights arranged with NIHON VOGUE Corp.
through Keio Cultural Enterprise Co., Ltd.
Traditional Chinese edition copyright © 2021
by Elegant Books Cultural Enterprise Co., Ltd.

經銷／易可數位行銷股份有限公司
地址／新北市新店區寶橋路235巷6弄3號5樓
電話／（02）8911-0825　　傳真／（02）8911-0801

作品設計製作

青木恵理子
かんのなおみ
越膳夕香
サイチカ
すぎやまとも
釣谷京子（buono buono）
野口智子
pear鈴木敬子
渡部まみ（short finger）

日本版Staff

書 籍 設 計／三上祥子（Vaa）
攝　　　　影／白井由香里
視 覺 呈 現／奧田佳奈
髪　　　妝／山崎由里子
模　特　兒／kazumi
作法・製圖／中村洋子
編　　　輯／中田早苗
編 輯 協 力／曾我圭子
主　　　編／谷山亞紀子

素材協力

KOKUYO株式會社
大阪府大阪市東成區大今里南6丁目1番1号
http://www.kokuyo-st.co.jp/stationery/asahimo/

Hamanaka株式會社
京都府京都市右京區花園藪ノ下町2番地の3
http://www.hamanaka.co.jp/

橫田株式會社（DARUMA）
大阪府大阪市中央區南久宝寺2丁目5番14号
http://www.daruma-ito.co.jp/

植村株式會社（INAZUMA）
京都府京都市上京區上長者町通黒門東入杉本町459番地
http://www.inazuma.biz/

株式会社角田商店
東京都台東區鳥越2-14-10
http://shop.towanny.com/

日本紐釦貿易株式会社
大阪府大阪市中央区南久宝寺町1丁目9番7号
https://www.nippon-chuko.co.jp

クロバー株式会社
大阪府大阪市東成区中道3-15-5
http://www.clover.co.jp/

攝影協力

Can Customer Center
P.5罩衫、裙子，P.6外套、褲子，P.9褲子，P.14罩衫，P.28罩衫、褲子，P.31
裙子，P.35黄色裙子、白色裙子／以上皆為Samansa Mos2
P.6罩衫，P.9罩衫，P.13連身洋裝／以上皆為TSUHARU by Samansa Mos2

nop de nod（株式会社クー）
P.4連身洋裝，P.11連身洋裝，P.16罩衫、裙子，P.22連身洋裝，封面＆P.26罩
衫、背心連身裙，P.31白色棉衣，P.32白色棉衣、褲子

Marble SUD恵比寿本店
P.18連身洋裝，P.24連身洋裝

クロスロード
P.17：鞋子／cavacava

OPTICAL TAILOR CRADLE青山店
P.2、P.24：眼鏡

UTUWA
AWABEES
TITLES